全国电子信息优秀教材
新工科建设之路·计算机类系列教材

大学 C/C++语言程序设计实验教程

（第3版）

阳小华　邹腊梅　胡义香　主　编
刘志明　主　审

電子工業出版社
Publishing House of Electronics Industry
北京·BEIJING

内 容 简 介

本书是《大学 C/C++语言程序设计基础》(第 3 版)的配套实验教材,分为四大部分:集成开发环境、实验任务、常用算法和全国计算机等级考试(NCRE)。第 1 部分为集成开发环境,介绍 C/C++程序的实验平台 Visual Studio 2010 和 MATLAB。第 2 部分为实验任务,针对教学中的重要知识点设计了 15 个实验,以加深学生对 C/C++语言及 MATLAB 的理解、程序设计思想的建立、科学计算水平的提高,以及计算思维能力的培养。第 3 部分为常用算法,介绍一些常用的经典算法,帮助学生提高编程能力和积累编程经验。第 4 部分为全国计算机等级考试(NCRE),对全国计算机等级考试(NCRE)的无纸化方式进行了相应的介绍,给出了全国计算机等级考试二级 C 语言和公共基础知识考试大纲,并提供了 6 套相应模拟试卷与参考答案。

本套教材提供的电子课件和相关程序代码,任课教师可以登录**华信教育资源网(www.hxedu.com.cn)免费注册下载**。

本书既可作为高等学校理工类非计算机专业的程序设计实验教材,也可作为全国计算机等级考试二级 C 语言程序设计培训教材,还可供程序设计爱好者进行参考。

图书在版编目(CIP)数据

大学 C/C++语言程序设计实验教程/阳小华,邹腊梅,胡义香主编. —3 版. —北京:电子工业出版社,2019.9
ISBN 978-7-121-37074-8

Ⅰ. ①大… Ⅱ. ①阳… ②邹… ③胡… Ⅲ. ①C 语言-程序设计-高等学校-教材 Ⅳ. ①TP312.8

中国版本图书馆 CIP 数据核字(2019)第 144523 号

责任编辑:戴晨辰　　文字编辑:王　炜
印　　刷:三河市君旺印务有限公司
装　　订:三河市君旺印务有限公司
出版发行:电子工业出版社
　　　　　北京市海淀区万寿路 173 信箱　　邮编:100036
开　　本:787×1092　1/16　　印张:10.5　　字数:268.8 千字
版　　次:2011 年 3 月第 1 版
　　　　　2019 年 9 月第 3 版
印　　次:2025 年 2 月第 6 次印刷
定　　价:35.00 元

凡所购买电子工业出版社图书有缺损问题,请向购买书店调换。若书店售缺,请与本社发行部联系,联系及邮购电话:(010)88254888,88258888。

质量投诉请发邮件至 zlts@phei.com.cn,盗版侵权举报请发邮件至 dbqq@phei.com.cn。

本书咨询联系方式:dcc@phei.com.cn。

前　言

通过计算机程序设计课程对计算思维能力进行培养，实践是学习的重要环节。在众多的程序设计语言中，C/C++语言以其灵活性、实用性等优势特点，广泛用于高等学校各层次的教学中。

本书是《大学 C/C++语言程序设计基础》（第 3 版）（阳小华、李晓昀、马淑萍主编，电子工业出版社出版，ISBN 978-7-121-37075-5）的配套实验教材。在理论、操作和编程实践上对主教材进行了补充，具有很强的实用性。书中所有源程序都在 Visual Studio 2010 平台上运行通过。

全书分为四大部分，包括集成开发环境、实验任务、常用算法和全国计算机等级考试（NCRE）。

第 1 部分为集成开发环境，介绍了 C/C++程序的实验平台 Visual Studio 2010 和 MATLAB。

第 2 部分为实验任务，针对教学中的重要知识点设计了 15 个实验，以加深学生对 C/C++语言程序设计思想的理解，提高科学计算的水平，以及培养计算思维的能力。

在实验设计上采用了任务驱动方式。对每个实验提出了需要达到的目标，并将它分解为一系列的任务，由学生自主完成。

第 3 部分为常用算法，介绍了一些常用的经典算法，帮助学生提高编程能力和积累编程经验。这些常用算法包括：基本算法、非数值计算常用经典算法、数值计算常用经典算法，以及其他常见算法，如迭代、进制转换、字符处理、数组处理等。

第 4 部分为全国计算机等级考试（NCRE）。NCRE 具有较高的权威性，已成为用人单位衡量大学生计算机水平的重要标志。因此，结合考试要求，我们对全国计算机等级考试（NCRE）的无纸化方式进行了相应的介绍，给出了全国计算机等级考试二级 C 语言和公共基础知识考试大纲，并提供了 6 套相应模拟试卷与参考答案，旨在使学生巩固所学的知识点，帮助备考。

本书与主教材配套使用。为方便教师和学生的教学和学习，免费提供了电子课件和相关程序源代码，任课教师可以登录华信教育资源网（www.hxedu.com.cn）注册下载。

本书由阳小华、邹腊梅、胡义香主编；刘志明主审；熊东平、马淑萍、李晓昀、汪凤麟参与编写。由于编写时间仓促，编者水平有限，书中难免有错误和不妥之处，恳请各位读者和专家批评指正，以便再版时及时修正。

编　者

目　　录

第1部分　集成开发环境

1.1　Visual Studio 2010

Visual Studio 2010 是 Microsoft 公司推出的使用极为广泛的基于 Windows 平台的可视化编程环境。由于 Visual Studio 2010 的功能强大、灵活性好、完全可扩展，使其从各种 C#、C++ 等语言开发工具中脱颖而出，成为目前最为流行的 C 语言集成开发环境之一。

1．安装 Visual Studio 2010

安装 Visual Studio 2010 所需要的计算机软、硬件配置为：Windows 操作系统、不低于 2GB 的内存、500GB 硬盘。其安装过程如下。

（1）单击 Visual Studio 2010 安装软件，打开“安装向导”对话框，如图1.1 所示。

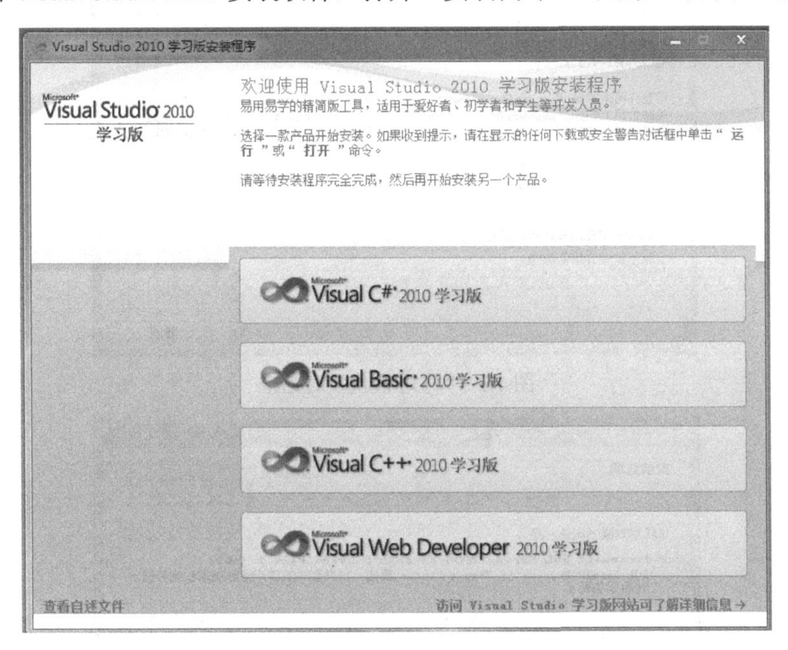

图 1.1　“安装向导”对话框

（2）单击“Visual C++ 2010 学习版”按钮，弹出如图 1.2 所示的“欢迎使用安装程序”对话框，单击“下一步（N）”按钮，弹出如图 1.3 所示的“许可条款”对话框，选中“我已阅读并接受许可条款（A）”项，单击“下一步（N）”按钮。

（3）在图 1.4 中勾选“安装选项”对话框的“Microsoft SQL Server 2008 Express Service Pack 1(×64)”项，单击“下一步（N）”按钮。

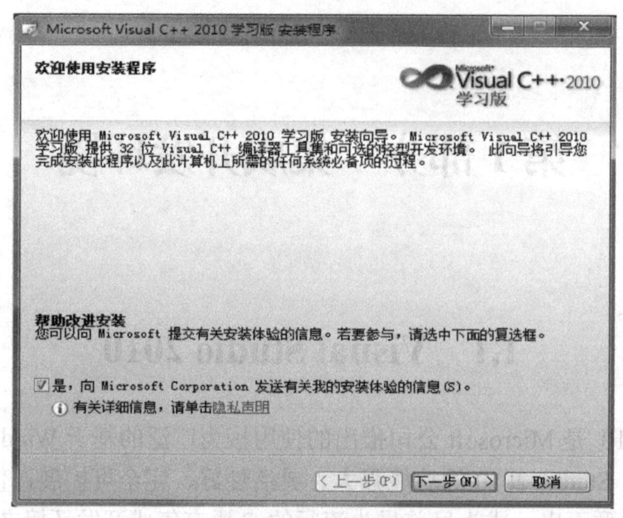

图 1.2 “欢迎使用安装程序”对话框

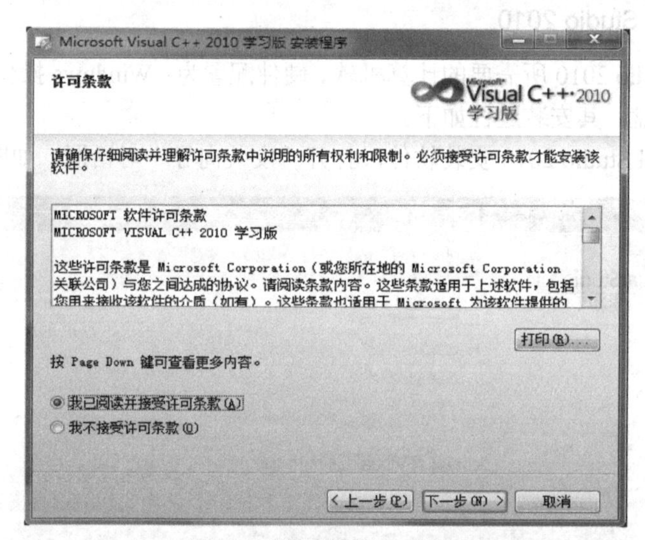

图 1.3 “许可条款”对话框

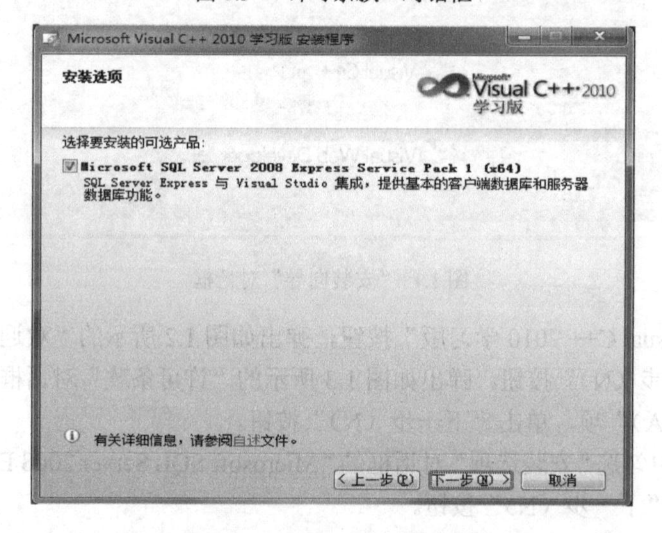

图 1.4 “安装选项”对话框

（4）在如图 1.5 所示的“目标文件夹”对话框中设置安装路径，在“安装文件夹为（I）”处用户可以更改安装路径，否则采用默认安装路径，单击“安装（N）”按钮开始安装。

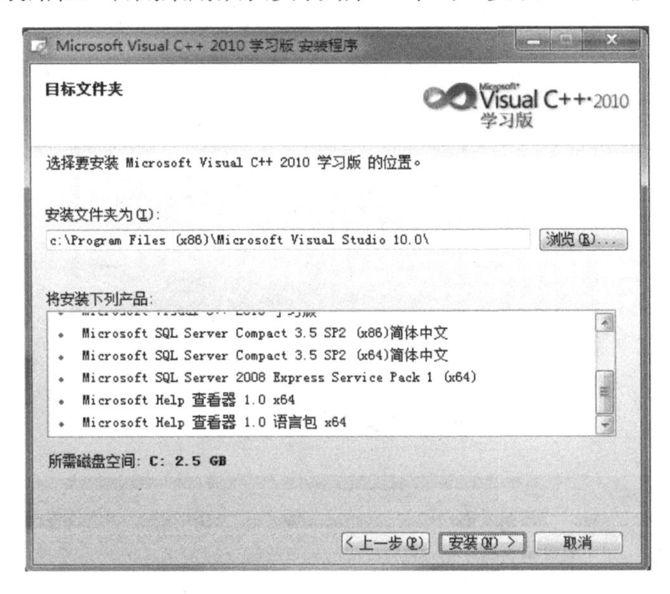

图 1.5　“目标文件夹”对话框

（5）在如图 1.6 所示的“安装进度”对话框中显示正在安装的组件，安装过程需要等候几分钟。

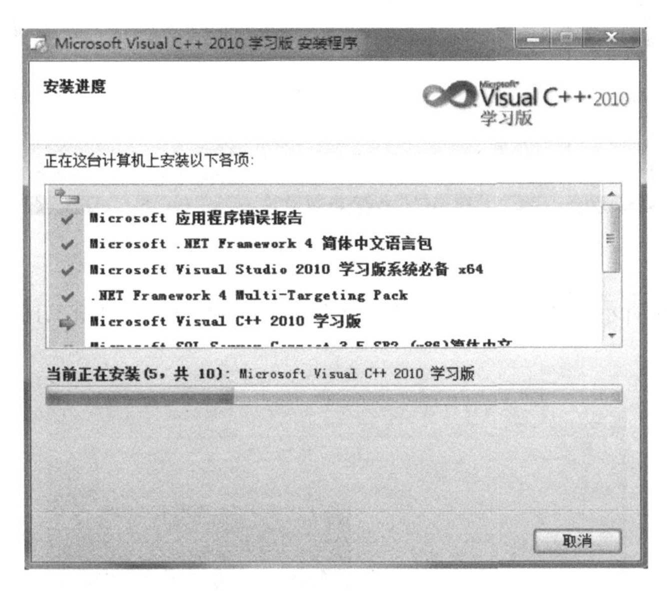

图 1.6　“安装进度”对话框

（6）安装完成后，单击“退出（X）”按钮结束安装，如图1.7 所示。

2．Visual C++ 2010 环境中的上机操作实例

（1）启动 Visual C++ 2010。单击任务栏的“开始”按钮，选择“所有程序”中的“Microsoft Visual C++ 2010 Express”项，即可进入 Visual C++ 2010 窗口，如图1.8 所示。

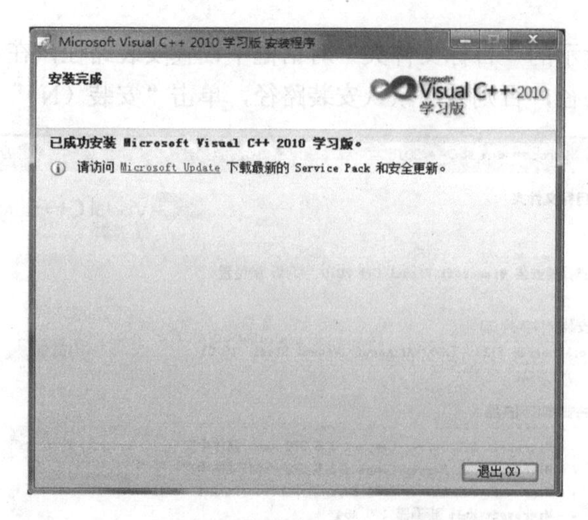

图 1.7 “安装完成”对话框

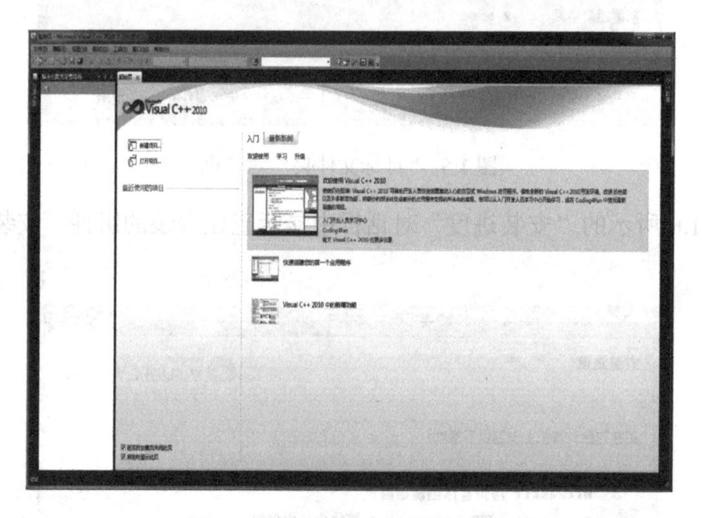

图 1.8 “Visual C++ 2010”窗口

（2）在如图 1.9 所示中依次单击“文件/新建/项目”项，弹出如图 1.10 所示的“新建项目”对话框。

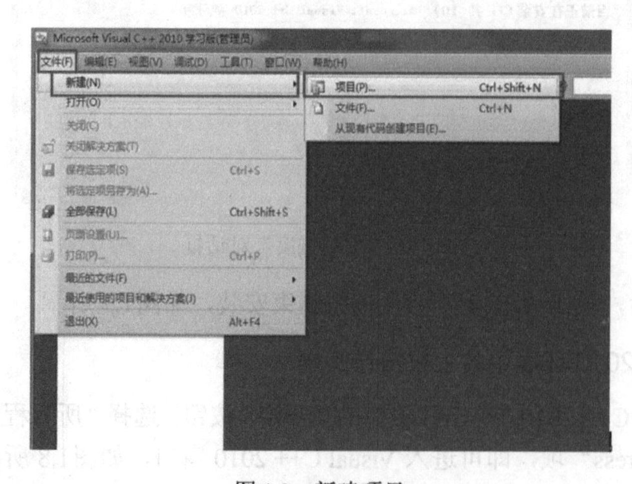

图 1.9 新建项目

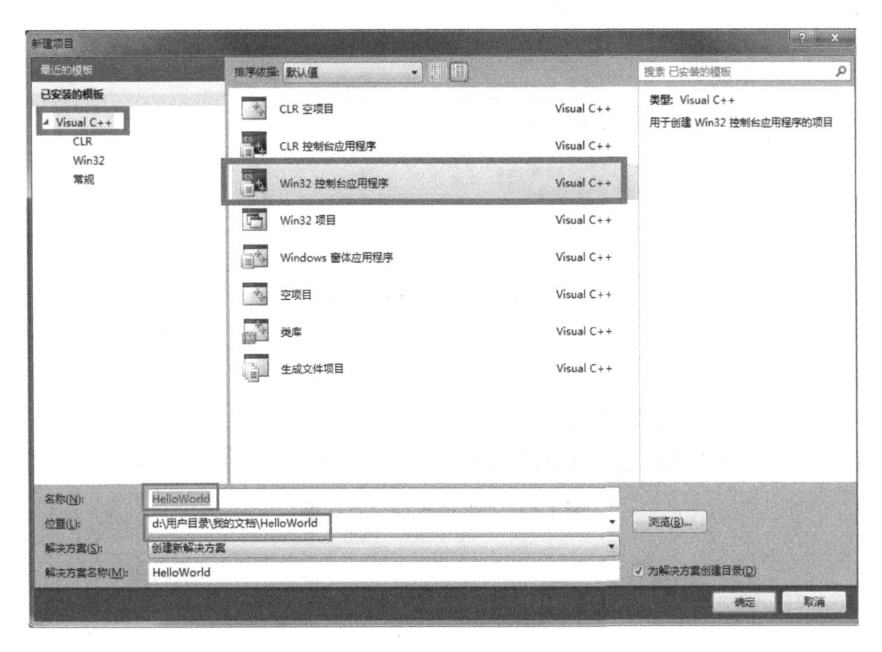

图 1.10 “新建项目”对话框

（3）在如图 1.10 所示对话框中进行项目名称和位置的设置。依次选中“Visual C++”“Win32 控制台应用程序”项，输入新建项目名称：HelloWorld，选定存储位置，单击“确定”按钮。

（4）在图 1.11 所示左侧的“解决方案资源管理器”中出现命名为 HelloWorld 的项目。选中项目中“源文件”，单击鼠标右键，在弹出菜单中选择“添加（D）”项，弹出下一级菜单。如果需要添加新的源文件，则选择“新建项（W）”项；如果需要添加已有源文件，则选择“现有项（G）”项。如果选中添加“新建项（W）”项，则弹出如图 1.12 所示的对话框。

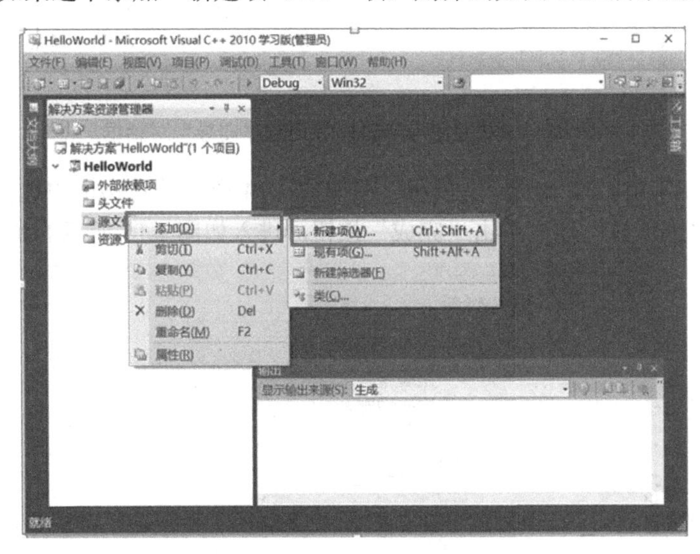

图 1.11　添加“新建项”

（5）新建 C++文件。在如图 1.12 所示的对话框中选择“C++文件（.cpp）”项，在名称处输入“HelloWorld”，单击“添加（A）”按钮，跳转至如图 1.13 所示对话框。注意，若不明确指定文件名称的扩展名为.c，则文件名的默认后缀为.cpp。

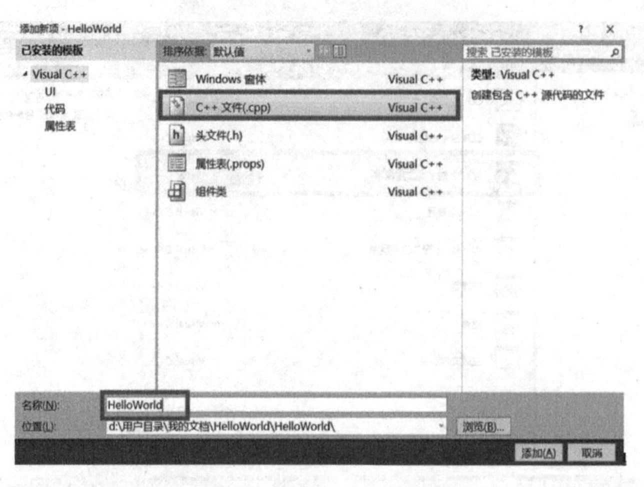

图 1.12 “添加新项”对话框

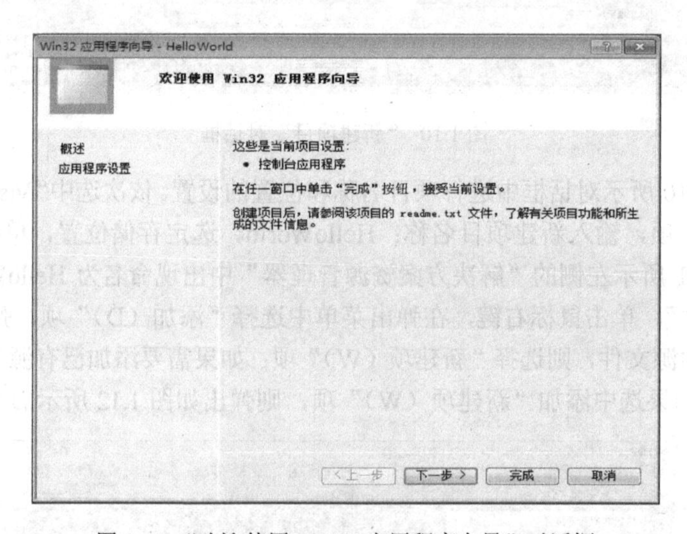

图 1.13 “欢迎使用 Win32 应用程序向导”对话框

（6）单击图 1.13 中的“下一步”按钮，在如图 1.14 所示的对话框中选择“控制台应用程序”项，并勾选“空项目”项，单击“完成”按钮，进入如图 1.15 所示的源程序编辑窗口。

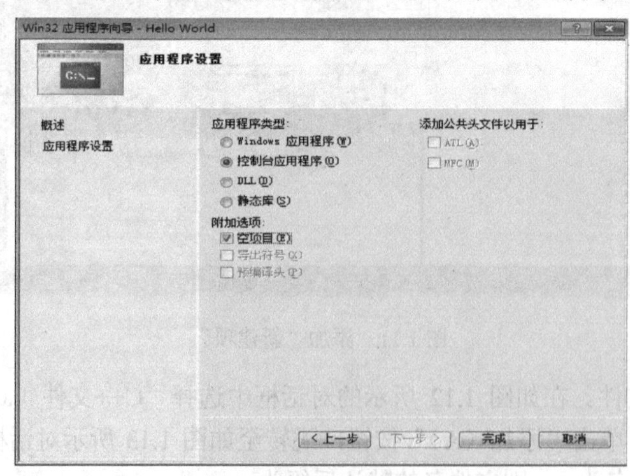

图 1.14 “应用程序设置”对话框

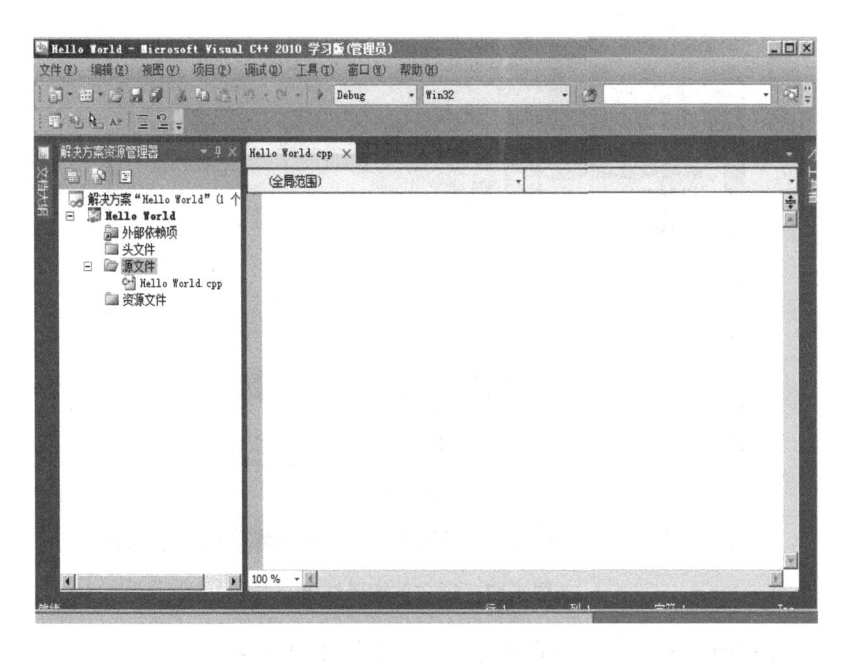

图 1.15　源程序编辑窗口

（7）在该窗口左侧“源文件”文件夹中新增一个源文件“Hello World.cpp”，右侧空白界面即为源程序编辑窗口。输入源代码，编写一个简单程序，输出“Hello World!”，如图 1.16 所示。

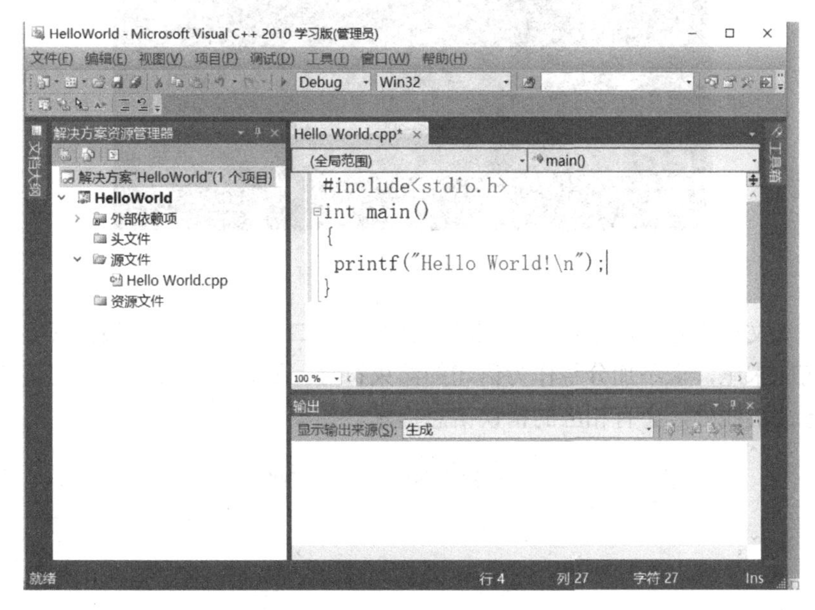

图 1.16　源文件编辑

（8）源文件编辑完成后，选择菜单栏“调试（D）”的“启动调试（S）”项，或者按快捷键 F5，对已编辑好的源文件进行编译。此时，若源文件无语法错误，输出结果的窗口将一闪而过，编译结果如图 1.17 所示。

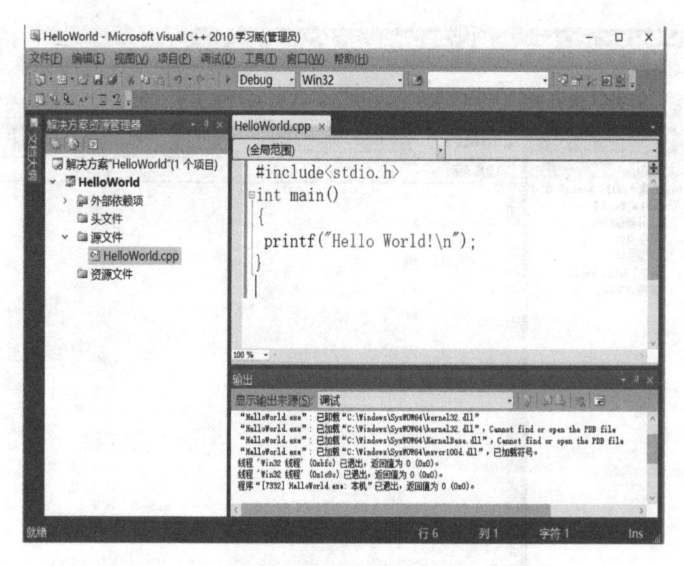

图 1.17 源文件编译结果

（9）按组合键 Ctrl+F5 查看程序的运行结果，如图 1.18 所示。

图 1.18 程序运行结果窗口

注意：若源文件中存在语法错误，则源文件编辑窗口将会出现红色波浪线进行错误提示。例如，在语句的末尾，未添加分号作为语句的结束符号，则在下一行中，会出现红色波浪线。将鼠标移动至波浪线处，会有相应的错误信息提示，如图 1.19 所示。

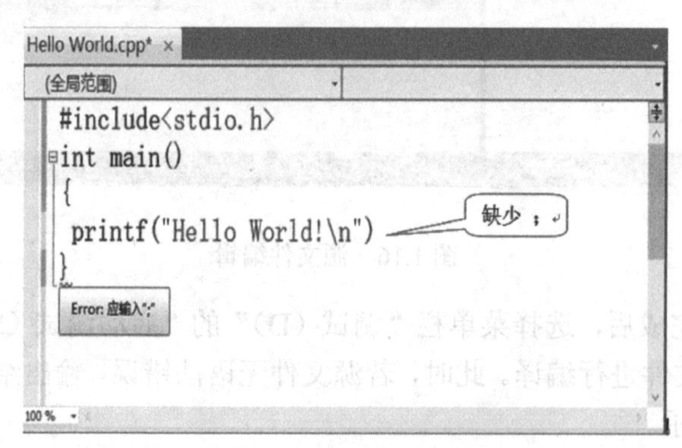

图 1.19 错误提示窗口

程序运行若未能得到预期的结果，或许是因为源程序中存在语法错误、逻辑错误。源代码的编辑、调试是一个需要不断积累经验的过程，这里不再详述。

1.2　MATLAB 软件

1.2.1　MATLAB 介绍

20 世纪 70 年代，美国新墨西哥大学计算机科学系主任 Cleve Moler 为了减轻学生编程的负担，用 FORTRAN 语言编写了最早的 MATLAB 软件，图1.20 是 MATLAB 的标志。1984 年由 Little、Moler、Steve Bangert 合作成立的 MathWorks 公司正式把 MATLAB 推向市场。到 20 世纪 90 年代，MATLAB 已成为国际控制界的标准计算软件。MATLAB 是矩阵实验室（Matrix Laboratory）的简称，是美国 MathWorks 公司出品的商业数学软件，用于算法开发、数据可视化、数据分析及数值计算的高级技术计算语言和交互式环境，主要包括 MATLAB 和 Simulink 两大部分。

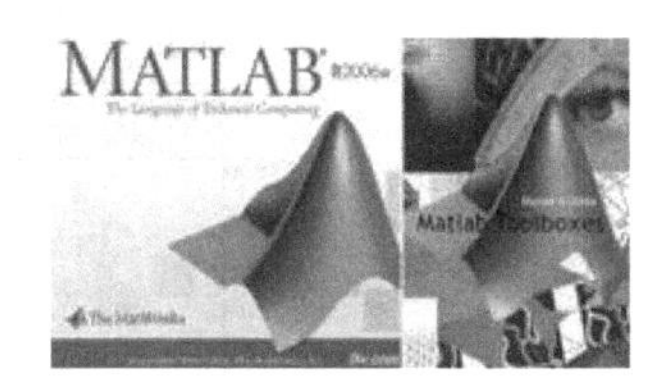

图 1.20　MATLAB 标志

1.2.2　MATLAB 安装

MATLAB 对硬件和软件环境的要求不高，安装了 Windows XP 以上版本操作系统的 PC 均可运行，但对硬盘空间要求比较大，需要 1～2 GB 的空间，而且 MATLAB 在运行的过程中可能还会需要较大的硬盘空间保存中间数据，因此安装的时候要注意，软件安装目录的空余空间尽可能大一点。

打开“安装向导”，或双击“setup.exe”程序，出现如图1.21 所示的安装界面，单击“Next”按钮按照提示操作即可将 MATLAB 安装到计算机中，期间会要求用户输入一个 72 位的注册码，请参照购买软件附带的注册码输入。

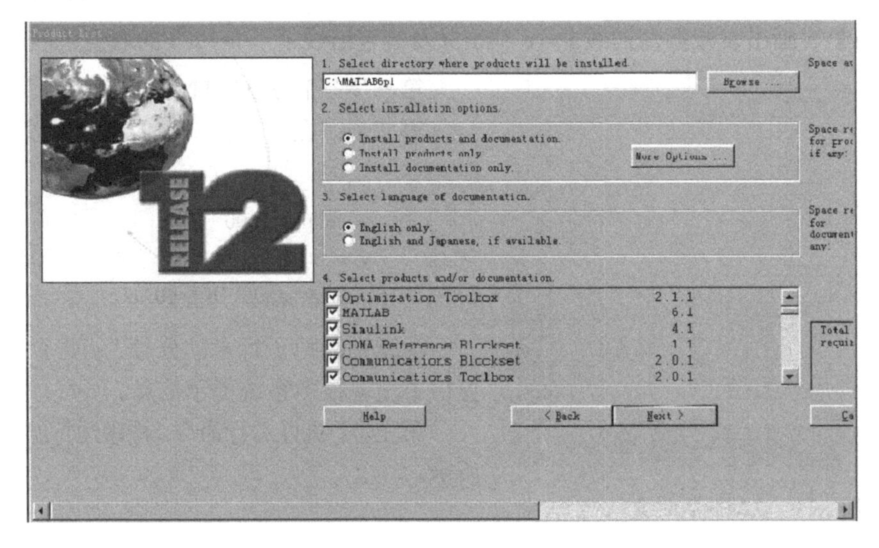

图 1.21　MATALAB 安装界面

1.2.3 MATLAB 启动

安装完成后，双击桌面上 MATLAB 图标，或从“程序”中打开 MATLAB，稍等片刻后即进入 MATLAB 工作界面，如图1.22 所示。

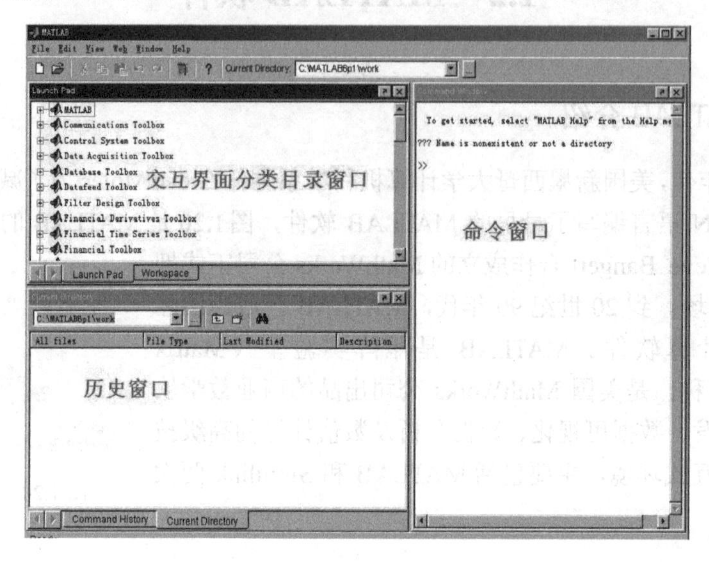

图 1.22 MATLAB 工作界面

进入 MATLAB 之后，会看到有 5 个窗口，其中 3 个被设置为当前显示窗口，另外两个需要用户自己操作进行切换，它们分别是命令窗口（Command Window）、交互界面分类目录窗口（Launch Pad）、历史窗口（Command History）、工作空间管理窗口（Workspace）、当前目录窗口（Current Directory）。

1.2.4 MATLAB 工作过程

下面用一个实例说明 MATLAB 的基本工作过程。

【例 1.1】 画出衰减振荡曲线 $y = e^{-\frac{t}{3}} \sin 3t$ 及其包络线 $y_0 = e^{-\frac{t}{3}}$，t 的取值范围是 $[0, 4\pi]$。

第一步：启动 MATLAB；

第二步：在命令窗口中依次输入以下命令：

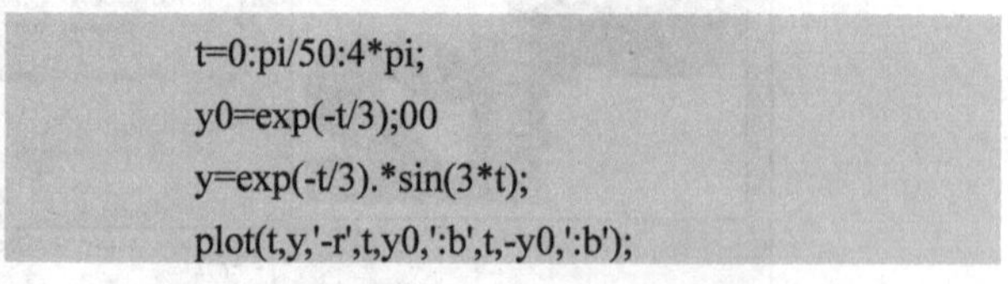

```
t=0:pi/50:4*pi;
y0=exp(-t/3);00
y=exp(-t/3).*sin(3*t);
plot(t,y,'-r',t,y0,':b',t,-y0,':b');
```

注意别漏掉了行末的分号“；”，否则会在命令窗口中出现很多系统提示信息。

第三步：执行运行命令。程序运行结果如图 1.23 所示。

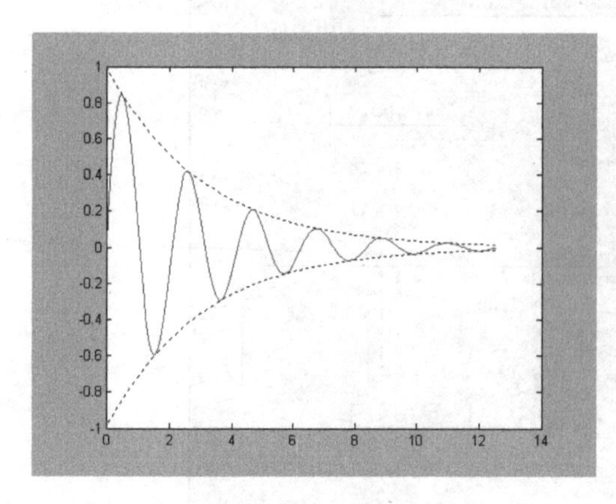

图 1.23 衰减振荡曲线

第2部分 实验任务

实验1 顺序结构

任务 数据的输入/输出及顺序结构程序设计

【目的与要求】

（1）熟悉C语言程序运行环境，了解程序编辑、编译、连接和运行的过程；
（2）掌握数据的输入/输出格式；
（3）掌握顺序结构的程序设计，能够编写简单的程序。

【上机内容】

1．输入并运行以下程序，观察运行结果。

```
#include "stdio.h"
int main( )
{    printf("**********************\n");
     printf("How are you?\n");
     printf("I am fine,thank you,and you?\n");
     printf("I am fine,too.\n");
     printf("**********************\n");
}
```

2．输入并运行以下程序，观察运行结果。

```
#include "stdio.h"
int main( )
{  int a,x ;
   float y;
   x=(a=2,6*2);
   y=123%100/10*5.2;
   printf("x=%d,y=%f\n",x,y);
}
```

3．按输出要求输入相应数据。

```
#include "stdio.h"
int main( )
{    int a,b;
```

```
    float x,y;
    char c1,c2;
    scanf("a=%d,b=%d",&a,&b);
    scanf("%f, %f",&x,&y);
    scanf("%c%c",&c1,&c2);
    printf("a=%d,b=%d,x=%.1f,y=%.2f,c1=%c,c2=%c\n",a,b,x,y,c1,c2);
}
```

若想printf语句输出结果为a=3,b=7,x=8.9,y=71.82,c1=a,c2=A,将如何从键盘上输入数据？

4．从键盘上输入圆半径 $r=1.5$，圆柱高 $h=3.5$，求圆周长 $c=2\pi r$、圆柱体积 $V=\pi r^2h$。请在程序的下画线处填入正确的内容，使程序得出正确的结果。

```
#include "stdio.h"
int  main( )
{   float r,h,c,v,pi;
    pi=3.1415926;
    scanf("%f %f",&r,&h);
/**********found**********/
    c=________①________;
/**********found**********/
    v=________②________;
    printf("圆周长为%6.2f\n",c);
    printf("圆柱体积为%6.2f",v);
}
```

5．从键盘上输入三角形的三条边长分别为 a、b、c，利用海伦公式求三角形的面积（area）。海伦公式为

$$\text{area}=\sqrt{s(s-a)(s-b)(s-c)}\text{，其中}\quad s=\frac{1}{2}(a+b+c)$$

请在程序的下画线处填入正确的内容，使程序得出正确的结果。

```
#include "stdio.h"
#include "math.h"
int main( )
{   float a,b,c,s,area;
    /**********found**********/
    scanf("%f , %f, %f",________①________);
  /**********found**********/
    s=________②________;
    area=sqrt(s*(s-a)*(s-b)*(s-c));
    printf("area=%f",area);
}
```

6．从键盘上输入一个摄氏温度（c），要求输出华氏温度（f），公式为

$$f=\frac{9}{5}\times c+32$$

要求输出结果保留2位小数。

7．从键盘上输入任意一个小写字母，输出它对应的ASCII码及大写字母。例如，输入：b，输出：98、B

实验 2 选 择 结 构

任务 1 if 语句及 switch 语句的应用

【目的与要求】

（1）熟练掌握 if 语句的三种形式；
（2）掌握 if 语句的嵌套使用；
（3）掌握 switch 语句的用法；
（4）掌握 break 语句在 switch 语句中的应用。

【上机内容】

1．有以下程序，执行后输出结果为________________。

```
#include "stdio.h"
int  main()
    {   int  a=8,b=7,c=9,t=0;
        if(a<b)   {t=a;a=b;b=t;}
        if(a<c)   {t=a;a=c;c=t;}
        if(b<c)   {t=b;b=c;c=t;}
        printf("%5d%5d%5d\n",a,b,c);
    }
```

2．有以下程序，执行后输出结果为________________。

```
#include "stdio.h"
 int  main( )
    {   int  a=3,b=2,c= -1,d=4;
        if(a<b<c)   printf("%d\n",d);
        else  if((c+d)==a)   printf("%d\n",2*d);
        else        printf("%d\n",4*d);
    }
```

3．有以下程序，若输入的值为'C'，则输出结果为________________。

```
#include "stdio.h"
int  main( )
{  char grade;
   scanf("%c",&grade);
   switch(grade)
  {     case  'A': printf("Excellent!\n");
        case  'B': printf("Fine!\n");break;
        case  'C': printf("Medium!\n");
        case  'D': printf("Pass!\n");break;
        default:   printf("Fail!\n");
  }
}
```

4．程序改错。修改下列程序，使之满足：当输入值为 10 时程序输出“==”，输入其他数值时程序输出“!=”。

```
#include "stdio.h"
int main()
    {   int x;
        scanf("%d",&x);
        if(x=10) printf("==\n");
        else      printf("!=\n");
    }
```

5．程序改错。修改下列程序，使之实现以下功能：① 当输入 a,b,c 的值相等时（如输入 2,2,2），程序输出“a==b==c”；② 当输入 a,b 的值不相等时（如输入 2,3,4），程序输出“a!=b”。

```
#include "stdio.h"
int  main()
    {   int a,b,c;
        scanf("%d,%d,%d",&a,&b,&c);
        if (a==b)
              if(b==c)
              printf("a==b==c");
        else
              printf("a!=b");
    }
```

6．下列程序中，如果输入的数据 c 为大写字母，则将其转换成对应的小写字母输出，否则以原值输出。请在程序的下画线处填入正确的内容，使程序得出正确的结果。

```
#include <stdio.h>
int  main()
{  char c;
   scanf("%c",&c);
   /**********found**********/
   if________①________
   /**********found**********/
    ________②________
         printf("%c\n ",c);
}
```

7．下列程序可以计算某年某月有几天，以及闰年与平年的 2 月天数不同。判别闰年的条件：能被 4 整除但不能被 100 整除的年是闰年，或者能被 400 整除的年也是闰年。请在程序的下画线处填入正确的内容，使程序得出正确的结果。

```
#include “stdio.h”
int  main()
{  int yy,mm,days;
   printf("input  year  and  month:");
   scanf("%d %d",&yy,&mm);
   switch(mm)
   {  case  1:  case  3:  case  5:  case  7:  case  8:
              /*************found*************/
```

```
        case  10:  case  12: ________①________;          break;
        case  4:  case  6:  case  9:  case  11:  days=30;    break;
                  /*************found*************/
        case  2:  if(yy%4= =0&&yy%100!=0||yy%400= =0) ________②________;
                  else      days=28;
                  break;
        default:  printf("input error");break;
    }
    printf("the days of %d %d is %d\n",yy,mm,days);
}
```

8．x、y 有如下函数关系，编写程序输入 x，输出 y。

$$y=\begin{cases} x & (x<1) \\ 2x-1 & (1\leqslant x<10) \\ 3x-11 & (x\geqslant 10) \end{cases}$$

9．输入一个百分制分数，要求输出对应的成绩等级：90～100 为 A、80～89 为 B、70～79 为 C、60～69 为 D、不及格为 E。

10．给一个不多于 3 位的正整数，编写程序完成以下要求：

（1）求出它是几位数；

（2）逆序输出该数。例如，原数为 147，应输出 741。原数为 69，应输出 96。原数为 8，应输出 8。

11．假设奖金税率如下（ma 代表税前奖金且 ma>0，tr 代表税率），利用 switch 语句编写程序，对输入的奖金数，输出其对应税率、应交税款、实得奖金数（扣税后的奖金数）。

① 0 ≤ma<1000 时，　　tr=0；

② 1000 ≤ma<2000 时，　　tr=0.05；

③ 2000 ≤ma<4000 时，　　tr=0.08；

④ 4000 ≤ma 时，　　tr=0.1。

任务 2　工程计算（1）

【目的与要求】

掌握菜单程序的编写。

【上机内容】

在科学研究和工程应用中，往往需要进行大量数学运算，其中包括矩阵运算、曲线拟合、数据分析等，市面上有一系列解决这些问题的商业软件，如 MATLAB、SAS 等。我们希望通过对这类大型软件中的某些功能的编程实现，让大家了解怎样通过编程用 C/C++语言来实现这些功能，从而对其工作原理有一个更深入的理解。在这里，将提供工程实验中经常用到的求和、求平均、方差、矩阵运算、数据分析等数学运算的 C/C++语言的编程实现。

本系统设计分 5 次上机完成，分别在实验 2、实验 4、实验 5、实验 7 和实验 8 的任务中，即工程计算（1）至工程计算（5）。

下面将按照由简到繁的原则逐步介绍一个工程计算应用实例的全过程，这个实例运行之后将产生与图2.1相类似的结果，该实例可以完成在工程计算中常见的一些数据分析工作。例如：①求平均值；②求标准差；③找出并剔除坏值；④求残差；⑤判断累进性误差；⑥判断周期性误差；⑦求合成不确定度；⑧得出被测数据的最终结果等。

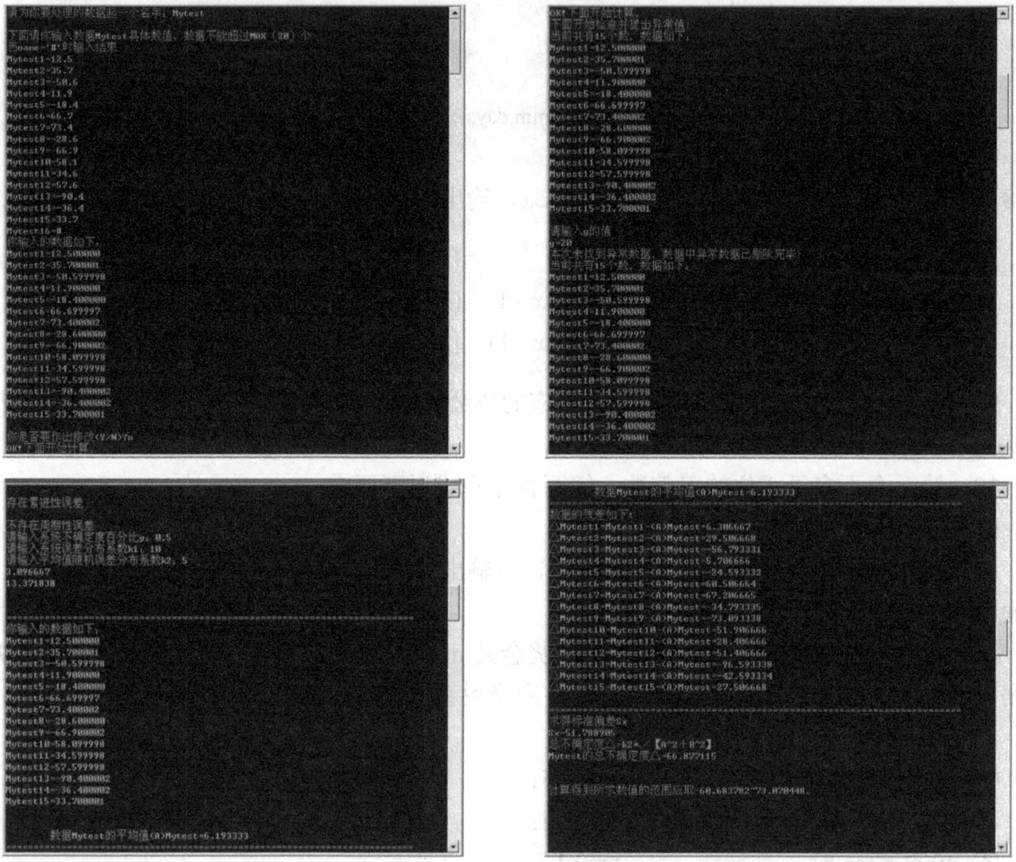

图 2.1 工程应用实例结果

在本次实验中，判断键盘输入的选择是否在菜单提供的操作范围之内，也就是 Choice 中的内容是否介于 1～5 之间，并且提供一个“0”选项，用于退出程序。程序参考代码如下：

```
#include <stdio.h>
main()
{
    int Choice=0;
    printf("请输入数字选择如下操作：\n ");
    printf("0-----退出\n");
    printf("1-----求和\n");
    printf("2-----求平均\n ");
    printf("3-----求方差\n ");
    printf("4-----矩阵运算\n ");
    printf("5-----方程求解\n ");
    scanf("%d",&Choice);
    if(Choice<0 || Choice>5)
```

```
        {
          printf ("您的选择超出范围了，请重新选择！");
          return 0;
        }
        else
        {
          switch(Choice)
          {
            case 0: printf("您选择了退出\n");   exit();
            case 1: printf("您选择了求和\n");   break;
            case 2: printf("您选择了求平均\n");   break;
            case 3: printf("您选择了求方差\n");   break;
            case 4: printf("您选择了矩阵运算\n");   break;
            case 5: printf("您选择了方程求解\n");   break;
          }
        }
      }
```

实验3 循环结构（1）

任务 while，do…while 语句程序设计

【目的与要求】

（1）熟练掌握 while 语句；

（2）熟练掌握 do…while 语句；

（3）运用 while 语句、do…while 语句实现各种算法；

（4）掌握 break、continue 在循环语句中的应用。

【上机内容】

1．程序改错。下列程序中的 while 循环为无限循环，请修改程序，使 while 循环能正常退出，并输出结果。

```
#include <stdio.h>
int main()
{   int x,y;
    x=2; y=0;
/************found************/
    while (!y--)
    printf ("%d,%d\n",x, y++);
}
```

2．程序改错。下列程序中的 do…while 循环为无限循环，请修改程序，使得 do…while 循环能正常退出，并输出结果。

```
#include <stdio.h>
int main()
```

```
{   int x=0;
    do{
        x++;
/************found************/
        }while(x=2);
    printf ("%d\n",x);
}
```

3．下面程序中，while 循环的次数为______________。

```
#include <stdio.h>
int main( )
{   int i=0,sum=0;
    while(i<50)
    {   sum=sum+i;
        i=i+2;
    }
   printf ("sum=%d\n",sum);
```

4．运行下面程序，输出结果为______________。

```
#include <stdio.h>
int main( )
{   int i=1,s=1;
     do{ if(i==9)   break;
          s=s*i;
          i=i+2;
          }while(i<20);
     printf ("s=%d\n",s);
}
```

5．运行下面程序，输出结果为______________。

```
#include <stdio.h>
int main()
{   int x=0,sum=0;
    do{
         if(x==(x/5*5))
             continue;
             sum=sum+x;
       }while (++x<100);
    printf ("sum=%d\n",sum);
}
```

6．下列程序是求 1000 以内奇数的和，请在程序的下画线处填入正确的内容，使程序得出正确的结果。

```
#include <stdio.h>
int main()
{   int i=1,sum=0;
    /**********found**********/
```

```
    while(________①________)
    {   if(i%2!=0)
/**********found**********/
        ________②________;
        i ++;
    }
    printf("1000以内奇数的和：%d\n",sum);
}
```

7．编写程序，对输入的任意一个正整数按反序输出。例如，输入：1247，输出：7421。

8．编写程序，输入两个正整数m和n，求其最大公约数与最小公倍数。

9．输入任意一个正整数n，将n各位上为奇数的数取出，按原来从高位往低位相反的顺序组成新的数并输出。例如，输入：17465238，输出：3571。

10．编写程序，求出100～999之间（含100和999）所有整数中各位上数字之和为x（x为一个正整数，要求从键盘上输入）的整数个数，例如：输入x=5时，满足条件的整数个数为15，输入x=20时，满足条件的整数个数为36。

实验4　循环结构（2）

任务1　for语句程序设计及循环的嵌套

【目的与要求】

（1）熟练掌握for语句；

（2）运用for语句实现各种算法；

（3）掌握循环语句的嵌套使用。

【上机内容】

1．程序改错。下列程序是求sum值，sum值等于1+2+…+10，请改正程序中指定行中的错误，使程序能得出正确的结果。

```
#include <stdio.h>
int main()
{
/************found************/
   int  i;
   sum=0;
/************found************/
     for(;i<=10;i++)
          sum=sum+i;
     printf ("sum=%d\n",sum);
}
```

2．运行下面程序，输出结果为________________。

```
#include <stdio.h>
int main()
```

```
{   int i,sum=0;
    for(i=0;i<=10;i++)
    {   sum=sum+i;
        if(i==5)    break;
    }
    printf ("sum=%d\n",sum);
}
```

3．运行下面程序，输出结果为________________。

```
#include <stdio.h>
int main( )
{   int i,j,sum=0;
    for(i=0;i<=3;i++)
       for(j=0;j<=5;j++)
          sum=sum+j;
       printf ("sum=%d\n",sum);
}
```

4．求 1000 以内能被 13 整除的最大数，请在程序的下画线处填入正确的内容，使程序得出正确的结果。

```
#include <stdio.h>
int main( )
{   int i;
  /**********found**********/
    for(_______①_______;_______②_______;i--)
  /**********found**********/
    if (_______③_______)
       break;
    printf("\n%d",i);
}
```

5．求如下 Fibonacci 数列 1,1,2,3,5,8,⋯ 的前 20 个数，要求每一行输出 4 个数。

$$\begin{cases} f_1 = 1 & (n=1) \\ f_2 = 1 & (n=2) \\ f_n = f_{n-1} + f_{n-2} & (n \geqslant 3) \end{cases}$$

请在程序的下画线处填入正确的内容，使程序得出正确的结果。

```
#include<stdio.h>
int main( )
{   int   f1, f2 ;
    int   i ;
    f1=1 ;
    f2=1 ;
  /**********found**********/
    for( i=1;_______①_______; i++ )
     {   printf("%10d%10d" ,f1, f2 ) ;
  /**********found**********/
         if(_______②_______)   printf("\n") ;
```

```
        f1 = f1 + f2 ;
        f2 = f2 + f1 ;
    }
}
```

6. 从键盘输入 10 个不等于 0 的整型数，统计其中负整数的个数并求所有正整数的平均值。请在程序的下画线处填入正确的内容，使程序得出正确的结果。

```
#include <stdio.h>
int main()
{   int i, x, count ;
    float   ave ;
    ave=0.0;
    count=0;
    for( i=0; i< 10 ; i++ )
    { scanf("%d", &x ) ;
       if( x>0 )
      /**********found**********/
          ave +=________①________;
       else
      /**********found**********/
               ________②________;
       }
    if( count != 10 )
  /**********found**********/
          ave /= ________③________;
       printf("count:%d,Average:%f\n",count,ave ) ;
}
```

7. 下列程序是求 1!+2!+3!+4!+5!+6!+7!+8!+9!+10!，请在程序的下画线处填入正确的内容，使程序得出正确的结果。

```
#include <stdio.h>
int main()
{   int   j, m,p,s ;
/**********found**********/
    ________①________;
        m=1 ;
    do
 /**********found**********/
    {________②________;
        j=1 ;
        while( j<=m )
        {   p *= j ;
            j++ ;
        }
 /**********found**********/
        ________③________;
        m++ ;
    } while(m<=10);
    printf("s=%d\n", s ) ;
}
```

8．统计能被 4 整除，且个位数为 6 的 4 位数的个数及和。

9．输入数据 n 和 x，计算级数和 s=1+x+x2/2!+x3/3!+…+xn/n!。

10．求 2～100 之间所有素数的个数及和。

11．编写程序输出下面的数字金字塔。

```
1
222
33333
4444444
555555555
```

任务 2 工程计算（2）

【目的与要求】

掌握循环结构在菜单编写中的应用。

【上机内容】

1. 工程计算实例。使用一个没有终止条件的 for 语句来实现菜单的循环选择，直到选择“0”（退出程序）为止。而且，当选择非“0”，且不属于正确选择项的时候，提示选择错误后，自动返回菜单选择界面。

程序清单如下：

```
#include <stdio.h>
main()
{
  int Choice=0;
  for(;;)
  {
    printf("请输入数字选择如下操作：\n ");
    printf("0-----退出\n");
    printf("1-----求和\n");
    printf("2-----求平均\n ");
    printf("3-----求方差\n ");
    printf("4-----矩阵运算\n ");
    printf("5-----方程求解\n ");
    scanf("%d",&Choice);
    if(Choice<0 || Choice>5)
    {
      printf ("您的选择超出范围了，请重新选择！ ");
      continue;   /*返回菜单选择*/
    }
    else
    {
      switch(Choice)
```

```
            {
              case 0: printf("您选择了退出\n");   exit( );
              case 1: printf("您选择了求和\n");   break;
              case 2: printf("您选择了求平均\n");   break;
              case 3: printf("您选择了求方差\n");   break;
              case 4: printf("您选择了矩阵运算\n");   break;
              case 5: printf("您选择了方程求解\n");   break;
            }/* end of switch */
          }/*end of if-else */
        }/* end of for */
      }/* end of main( ) */
```

请保存该程序以备后用。

2. 编写本菜单中所涉及的前两个数值计算（求和、求平均）的程序，将它们分别命名为sum.c、averag.c 并保存起来以备后用。

sum.c 程序清单如下：

```
main( )
{
  int   sum=0,x;
  printf("请输入您要求和的数列，以 0 结束:\n");
  for(;;)
  {
    scanf("%d",&x);
    if(x= =0) break;   /*输入的数据以 0 作为结束标志*/
    sum+=x;
  }
  printf("您所输入的数据和是%f\n",sum);
}
```

averag.c 程序清单如下：

```
main( )
{
    int i=0, sum=0,x;
    printf("请输入您要求平均的数列，以 0 结束:\n");
    for(;;)
    {
        scanf("%d",&x);
        if(x= =0) break;   /*输入的数据以 0 作为结束标志*/
        /*累加*/
        sum+=x;
        /*统计输入数据的个数*/
        i++;
    }
    printf("您所输入数据的平均值是%f\n",sum*1.0/i);
}
```

实验5　函 数（1）

任务1　函数的定义与调用

【目的与要求】

（1）掌握C语言函数定义与调用的规则；

（2）熟悉C语言函数声明的形式与位置；

（3）掌握C语言函数定义、声明与调用之间的关系；

（4）掌握函数形参与实参的对应关系。

【上机内容】

1．以下程序的功能是分别定义了四则运算的四个函数，并在main函数中分别调用这四个函数，完成四则运算。请勿改动主函数main和其他子函数的头部。

```
#include <stdio.h>
/************found************/
int addtion(int x,int y)
{

}
/************found************/
int subtraction(int x,int y)
{

}
/************found************/
int multiplication(int x,int y)
{

}
/************found************/
double division(int x,int y)
{

}
int main( )
{       int x,y ;
        printf("Input x, y: ");
        scanf("%d%d ", &x,&y);
        printf("The addition result is : %d\n",addition(x,y));
        printf("The subtraction result is : %d\n", subtraction (x,y));
        printf("The multiplication result is : %d\n", multiplication (x,y));
        printf("The division result is : %f\n", division (x,y));
}
```

2．上机调试下面判断 n 是否是素数的程序，若函数 fun 中有逻辑错误，请调试并改正。

```
#include <stdio.h>
int fun(int n)
{
    int k,yes=1;
    for(k=2;k<=n/2;k++)
    /************found************/
      if(n%k==0)
           yes=0;
      else
           yes=1;
    return   yes;
}
int main( )
{
    int n;
    scanf("%d",&n);
    /************found************/
    if(fun( ))
        printf("%d:yes!\n",n);
    else
        printf("%d:no!\n",n);
}
```

3．下面程序中，函数 fun 的功能是根据形参 m，计算公式 T=1/1!+1/2!+1/3!+…+1/m!的值，并上机调试，请填空并改正程序中的逻辑错误。当从键盘输入 10 时，给出程序运行的正确结果（按四舍五入保留 10 位小数）。

```
#include <stdio.h>
/************found************/
________①________;
int main( )
{
    int m;
    printf("\n input   m:");
    scanf("%d",&m);
    printf("\n t= %12.10lf \n",fun(m));
}
double fun(int m)
{
    double fac,t=0.0;
    int i=1,j;
    for(i=1;i<=m;i++)
    {
        fac=1.0;
        /************found************/
        for(j=1;j<=m;j++)
             fac=fac*i;
```

```
            t+=1.0/fac;
        }
        return t;
    }
```

4．给定程序中，函数 fun 的功能是根据形参 i 的值返回某个函数的值。当调用正确时，程序输出：x1=5.000000, x2=3.000000, x1*x1+x1*x2=40.000000。请在下画线处填入正确的内容，使程序得出正确的结果。

```
#include  <stdio.h>
double f1(double x)
{
    return x*x;
}
double f2(double x, double y)
{
    return x*y;
}
/**********found**********/
________①________fun(int i, double x, double y)
{
    if (i==1)
    /**********found**********/
        return________②________ (x);
  else
  /**********found**********/
        return________③________ (x, y);
}
int main( )
{   double x1=5, x2=3, r;
    r = fun(1, x1, x2);
    r += fun(2, x1, x2);
    printf("\nx1=%f, x2=%f, x1*x1+x1*x2=%f\n\n",x1, x2, r);
}
```

5．编写函数，求两个数的最大公约数，并在 main 函数中调用该最大公约数的计算函数，输出正确结果。

6．编写一个程序，将 1～1000 以内的完全数输出，并统计个数。

完全数（Perfect Number），又称完美数或完备数，它是指一个自然数，其所有的真因子（除自身以外的约数）的和，恰好等于它本身。例如：6=1+2+3。

要求：编写一个函数，判断一个数是否为完全数。

参考答案：共有 3 个完全数，分别为 6、28、496。

任务 2　工程计算（3）

【目的与要求】

加强对函数的理解。

【上机内容】

将前面各实验中编写好的程序进行如下处理：主程序为主控程序，以菜单的形式管理各功能模块，这里将求和与求平均两个功能变成了两个函数，由主程序调用。具体程序如下：

```
#include <stdio.h>
/*原型说明*/
void summury( );
void averag( );
/*程序从这里开始执行*/
main( )
{
    int Choice=0;
    for(;;)
    {
        printf("请输入数字选择如下操作：\n ");
        printf("0-----退出\n");
        printf("1-----求和\n");
        printf("2-----求平均\n ");
        printf("3-----求方差\n ");
        printf("4-----矩阵运算\n ");
        printf("5-----方程求解\n ");
        scanf("%d",&Choice);
        if(Choice<0 || Choice>5)
        {
            printf ("您的选择超出范围了，请重新选择！ ");
            continue;   /*返回菜单选择*/
    }
    else
    {
            switch(Choice)
            {
              case 0: printf("您选择了退出\n");   exit( );
              case 1: summury( );   break;
              case 2: averag( );   break;
              case 3: printf("您选择了求方差\n");   break;
              case 4: printf("您选择了矩阵运算\n");   break;
              case 5: printf("您选择了方程求解\n");   break;
            }/* end of switch */
        }/*end of if-else */
      }/* end of for */
}/* end of main( ) */
/*求和*/
void   summury( )
{
    int   sum=0,x;
    printf("请输入您要求和的数列，以 0 结束:\n");
    for( ; ; )
    {
```

```
            scanf("%d",&x);
            if(x==0)
             break;         /*输入的数据以 0 作为结束标志*/
            sum+=x;
        }
    printf("您所输入数据的和是%d\n",sum);
}
/*求平均*/
void    averag( )
{
    int i=0;
    int sum=0,x;
    printf("请输入您要求平均的数列，以 0 结束:\n");
    for(;;)
    {
            scanf("%d",&x);
            if(x==0)
break;              /*输入的数据以 0 作为结束标志*/
            /*累加*/
            sum+=x;
            /*统计输入数据的个数*/
            i++;
    }
    printf("您所输入数据的平均值是%f\n",sum*1.0/i);
}
```

实验6　函 数（2）

任务　函数的嵌套调用及编译预处理

【目的与要求】

（1）掌握函数的嵌套调用；
（2）掌握函数的递归调用；
（3）分析和总结函数的递归调用与嵌套调用的区别；
（4）理解和掌握变量作用域、生存期、局部变量、全局变量的概念及用法；
（5）掌握宏的定义与用法。

【上机内容】

1．下面程序是求三个数的最大值。

要求定义一个函数，实现求两个数的最大值，在main函数中，通过嵌套调用来求解三个数中的最大值。

```
#include "stdio.h"
int max(int x, int y)
```

```
{
}
int main( )
{
    int i,j,k,result;
    result=max(max(i,j),k)
    printf("result=%d\n", result);
}
```

2．下面的程序是用递归方法分别求 0!～5!，分析递归过程，并填空使程序完整。

```
#include "stdio.h"
int main( )
{
    int i;
    int fact(int j);
    for(i=0;i<=5;i++)
    printf("%d!=%d\n",i,fact(i));
}
int fact(int j)
{
    int sum;
    if(j==0)
        sum=1;
    else
    /**********found**********/
      sum=________①________;
    return sum;
}
```

3．下面是求 m 和 n 的最大公约数的递归算法，并填空使程序完整。

```
#include "stdio.h"
int gcd(int m,int n)
{
    if(m%n==0)
      return n ;
    else
      /**********found**********/
      return________①________;
}
int main( )
{
  int m,n,t;
  scanf("%d,%d",&m,&n);
  /**********found**********/
  if (________②________)
  {  t=m;m=n;n=t;}
     t= gcd( m,n);          /*调用函数 gcd( m, n);*/
     printf("gcd=%d\n",t);
}
```

修改程序使之同时能完成求 m、n 的最小公倍数。

4．下面程序是用递归方法在屏幕上显示的杨辉三角形，填空使程序完整，并分析递归过程。

```
1
1   1
1   2   1
1   3   3   1
1   4   6   4   1
1   5   10  10  5   1
……
```

对第 x 行第 y 列，其值计算公式为（不计左侧空格时）：

$$c(x,y)=\begin{cases}1 & (y=1\text{或}y=x)\\ c(x-1,y-1)+c(x-1,y) & (x\neq y\text{且}y\neq 1)\end{cases}$$

程序清单如下：

```
#include "stdio.h"
int main( )
{
    int i,j,n;
    printf("Input n=");
    scanf("%d",&n);
    for (i=1;i<=n;i++)
    {
        for(j=1;j<=i;j++)
            printf("%3d",c(i,j));
        printf("\n");
    }
}
int c(int x,int y)
{
    int z;
    /**********found**********/
    if(________①________)
        return 1;
    else
    /**********found**********/

    {________②________;
        return z;
    }
}
```

5．调试下面程序，记录并分析运行结果，分析变量存储属性、各变量之间的关系及其作用域与生存期。

```
#include <stdio.h>
int a=2,b=4;                    /*a，b 为全局变量*/
```

```
void f1()
{
    int t1,t2;
    t1=a * 2;
    t2=b * 3;
    b=100;
    printf("t1=%d,t2=%d,b=%d\n",t1,t2,b);
}
int main( )
{
    int b=4;                    /*此 b 是局部变量，赋值*/
    f1();                       /*调用函数 f1()*/
    printf("a=%d,b=%d\n",a,b);
}
```

6．调试并运行下面程序，注意静态局部变量与局部变量的区别，掌握静态存储与动态存储的概念。

```
#include "stdio.h"
int main( )
{
    int a=2,i;
    int f(int a);
    for(i=0;i<3;i++)
        printf("%4d",f(a));
}
int f(int a)
{
    int b=0;
    static int c=3;
    b++;
    c++;
    return a+b+c;
}
```

7．预测程序结果，并上机验证。

```
#include "stdio.h"
#define MAX(A,B)   (A)>(B)?(A):(B)
#define PRINT(Y)   printf("Y=%d\n",Y)
int main( )
{
    int a=1,b=2,c=3,d=4,t;
    t= MAX(a+b,c+d);
    PRINT (t);
}
```

8．给定程序中函数 fun 的功能：计算函数 F(x,y,z)=(x+y)/(x−y)+(z+y)/(z−y)的值，其中 x 和 y 的值不等，z 和 y 的值不等。例如，当 x 的值为 9、y 的值为 11、z 的值为 15 时，函数值为 −3.50。请改正程序中的错误，使它能得出正确的结果。

```
#include <stdio.h>
#include <math.h>
#include <stdlib.h>
/************found************/
#define   FU(m,n)   (m/n)
float fun(float a,float b,float c)
{   float value;
    value=FU(a+b,a-b)+FU(c+b,c-b);
/************found************/
    return(Value);
}
int main( )
{   float x,y,z,sum;
    printf("Input x y z: ");
    scanf("%f%f%f",&x,&y,&z);
    printf("x=%f,y=%f,z=%f\n",x,y,z);
    if (x==y||y==z){printf("Data error!\n");exit(0);}
    sum=fun(x,y,z);
    printf("The result is : %5.2f\n",sum);
}
```

9．给定程序中函数 fun 的功能：按以下递归公式求函数值。例如，当 n 输入 5 时，函数值为 18；当 n 输入 3 时，函数值为 14。

$$\text{fun}(n)=\begin{cases}10 & (n=1)\\ \text{fun}(n-1)+2 & (n>1)\end{cases}$$

10．程序设计：在程序中定义带参数的宏，实现从 3 个数中找出最大的。

实验 7　数 组（1）

任务 1　数组的基本定义与应用

【目的与要求】

（1）理解掌握数组定义、数组类型、数组维数、数组元素和数组下标的概念；
（2）掌握数组说明、对数组进行初始化的方法；
（3）理解和掌握字符型数组与其他数组的区别、字符串及其特点；
（4）掌握字符型数组和字符串函数的使用方法。

【上机内容】

1．程序填空，求数组 arr 的两条对角线上的元素之和。

```
#include "stdio.h"
int main( )
{   int arr[3][3]={2,3,4,8,3,2,7,9,8},a=0,b=0,i,j;
```

```
        for(i=0;i<3;i++ )
            for(j=0;j<3;j++)
            /************found************/
              if(i==j) ________①________;
        for(i=0;i<3;i++)
            /************found************/
            for(________②________;j>=0; ________③________)
            /************found************/
              if(________④________)
                 b=b+arr[i][j];
        printf("a=%d,b=%d\n",a,b);
    }
```

2．程序填空，求数组 x 中各相邻两个元素的和，并依次存放到 a 数组中。

```
#include "stdio.h"
int main( )
{
    int x[10],a[9],i;
    for(i=0;i<10;i++)
        scanf("%d",&x[i]);
    /************found************/
    for(________①________; i<10; i++)
    /************found************/
        a[i-1]=x[i]+ ________②________;
    printf("\n");
    for(i=0;i<9;i++)
        printf("%d    ",a[i]);
}
```

3．下面的程序是求出所有的水仙花数，请填空完成程序。提示：水仙花数是指一个三位正整数，其各位数字的立方之和等于该正整数，例如，407=4*4*4+0*0*0+7*7*7，故 407 是水仙花数。

```
#include"stdio.h"
int main( )
{
    int x,y,z,a[900],m,i,j=0;
  /************found************/
    for(m=100; ________①________;m++)
    {
      x=m/100;
  /************found************/
      y=________②________;
      z=m%10;
      if(x*100+y*10+z==x*x*x+y*y*y+z*z*z)
  /************found************/
      { ________③________;
          j++;
      }
```

```
    }
  /************found************/
    for(i=0; ________④________;i++)
    printf("%6d",a[i]);
}
```

4．给定程序中，函数fun的功能：有$N\times N$矩阵，以主对角线为对称线，对称元素相加并将结果存放在左下三角元素中，右上三角元素置为0。例如，若$N=3$，有下列矩阵：

1	2	3		1	0	0
4	5	6	计算结果为：	6	5	0
7	8	9		10	14	9

请在程序的下画线处填入正确的内容，使程序得出正确的结果。

```
#include <stdio.h>
#define N 4
/**********found**********/
void fun(int ________①________)
{   int i, j;
    for(i=1; i<N; i++)
    {for(j=0; j<i; j++)
        {
/**********found**********/
        ________②________=t[i][j]+t[j][i];
/**********found**********/
        ________③________=0;
        }
    }
}
int main( )
{   int t[][N]={21,12,13,24,25,16,47,38,29,11,32,54,42, 21,33,10}, i, j;
    printf("\nThe original array:\n");
    for(i=0; i<N; i++)
    {for(j=0; j<N; j++) printf("%5d ",t[i][j]);
        printf("\n");
    }
    fun(t);
    printf("\nThe result is:\n");
    for(i=0; i<N; i++)
    {for(j=0; j<N; j++) printf("%5d ",t[i][j]);
        printf("\n");
    }
}
```

5．填空完成下面程序，该程序是从键盘输入一行字符，统计其中有多少个单词，假设单词之间是以空格分隔的。

```
#include <stdio.h>
int main( )
{
```

```
        char s[80],c1,c2=' ';
        int i=0,num=0;
        gets(s);
        while(s[i]!='\0')
        {
          c1=s[i];
          if(i==0)   c2=' ';
          else c2=s[i-1];
      /**********found**********/
          if(________①________)
               num++;
                i++;
        }
        printf("There are %d words.\n",num);
    }
```

6．给定程序中，函数 fun 的功能：先将在字符串 s 中的字符按正序放到 t 串中，然后把 s 中的字符按逆序连接到 t 串的后面。例如，当 s 中的字符串为“ABCDE”时，则 t 中的字符串应为“ABCDEEDCBA”。请改正程序中的错误，使它能得出正确的结果。

```
    #include <stdio.h>
    #include <string.h>
    void fun (char *s, char *t)
    {    int i, sl;
         sl = strlen(s);
    /************found************/
         for(i=0; i<=s1; i ++)
              t[i] = s[i];
         for (i=0; i<sl; i++)
         t[sl+i] = s[sl-i-1];
    /************found************/
         t[sl] = '\0';
    }
    int main( )
    {   char s[100], t[100];
        printf("\nPlease enter string s:"); scanf("%s", s);
        fun(s, t);
        printf("The result is: %s\n", t);
    }
```

7．给定程序中，函数 fun 的功能：在形参 ss 所指字符串数组中，将所有串长超过 k 的字符串右边的字符删去，只保留左边的 k 个字符。ss 所指字符串数组中共有 n 个字符串，且串长小于 m。请在程序的下画线处填入正确的内容，使程序得出正确的结果。

```
    #include<stdio.h>
    #include<string.h>
    #define N 5
    #define M 10
    /**********found**********/
    void fun(char ________①________, int k)
```

```
{   int i=0 ;
/**********found**********/
    while(i< _______②_______) {
/**********found**********/
    ss[i][k]= _______③_______; i++; }
}
int main( )
{   char x[N][M]={"Create","Modify","Sort","skip", "Delete"};
    int i;
    printf("\nThe original string\n\n");
    for(i=0;i<N;i++) puts(x[i]); printf("\n");
    fun(x,4);
    printf("\nThe string after deleted :\n\n");
    for(i=0; i<N; i++) puts(x[i]); printf("\n");
}
```

8．编写函数 fun 的功能：判断字符串是否为回文数（Palindrome Number）？若是，函数返回 1，主函数中输出 YES；否则返回 0，主函数中输出 NO。回文数是指顺读和倒读都一样的字符串。例如，字符串 LEVEL 是回文数，而字符串 123312 就不是。请勿改动主函数 main 和其他函数中的任何内容，仅在函数 fun 的花括号中填入编写的若干语句，使程序实现上述功能。

```
#include<stdio.h>
#include<string.h>
#define N 80
int fun(char str[])
{



}
int main( )
{   char s[N];
    printf("Enter a string: "); gets(s);
    printf("\n\n"); puts(s);
    if(fun(s)) printf("YES\n");
    else printf("NO\n");
}
```

9．编写一个程序，将 100 以上至 1000 以内的平方回数存入数组，并输出结果。

平方回数是指一个回文数，同时它还是某一个数的平方。

要求：编写一个函数判断回文数，再编写一个函数判断平方回数。

（参考答案：只有 3 个，分别是 121、484、676）。

10．编写一个函数，求一个字符串的长度。在 main()函数中输入字符串，并输出其长度。

11．用键盘输入一行数据，统计其中大写字母、小字字母、数字及其他字符各有多少。

任务2 工程计算（4）

【目的与要求】

加深对数组的理解。

【上机内容】

下面分别使用一维、二维数组来编写求方差、矩阵运算和解方程组的功能模块，这三个功能模块以函数的形式给出，请自行修改主控程序中switch语句的相关指令，使主控程序能调用这三个函数。这三个功能模块的程序如下：

```
#include <math.h>
    ……
variance()
{
    int i=0,x,d[100];
    float var,sum=0.0,averag=0.0;
    printf("Input your number less than 100 and end by zero:\n");
    for(;;)
    {
      scanf("%d",&x);
      if(x!=0)
      {
        d[i]=x;
        i++;
        sum+=sum;
      }
      else
        break;
    }
    averag=sum*1.0/i;
    i--
    for(;i>=0;i--)
    {
       sum+=(d[i]-averag)*(d[i]-averag);
    }
    printf("The variance is:%f",sqrt(sum));
}
/*  标量乘以数组  */
/* 4×4 数组  */
/*  这里仅给出标量乘以数组的情况，读者可以仿照这个程序写出其他的矩阵运算，如矩阵叉乘、
     求对角元素、转置、逆、伴随矩阵等*/
matrix()
{
    float s,A[4][4],B[4][4];
    int i,j;
    printf("Input Scaler:");
```

```
    scanf("%f",&s);
    printf("Input Array(4*4):\n");
    for(i=0;i<4;i++)
    {
        for(j=0;j<4;j++)
        {
            scanf("%f",&A[i][j]);
        }
    }
    /* 乘法运算*/
        for(i=0;i<4;i++)
    {
        for(j=0;j<4;j++)
        {
        B[i][j]=A[i][j]*s;
        }
    }
    /*  输出 */
    for(i=0;i<4;i++)
    {
        for(j=0;j<4;j++)
        {
        printf("%10.2f   ",B[i][j]);
        }
        printf("\n");
    }
}
/*消元法解多元一次方程组*/
equation ()
{
    float a[10][10],b[10],s,t,e,sum;
    int i,j,k,n,m;
    printf("The top exp is ");
    scanf("%d",&n);
    for(i=0;i<n;i++)
    for(j=0;j<n;j++)
    scanf("%f",&a[i][j]);
    for(i=0;i<n;i++)
    scanf("%f",&b[i]);
    scanf("%f",&e);
    k=0;
    do{   t=a[k][k];
          for(i=k;i<n;i++)
          {if(fabs(t)<fabs(a[i][k]))
            {   t=a[i][k];
                m=i;
            }
            else m=k; }
```

```
                if(fabs(t)<e)printf("det A = 0\n");
                else {if(m!=k)
                        {   for(j=0;j<n;j++)
                            {   s=a[m][j];
                                a[m][j]=a[k][j];
                                a[k][j]=s;
                            }
                                s=b[m];
                                b[m]=b[k];
                                b[k]=s;
                        }
                        for(i=k+1;i<n;i++)
                            for(j=k+1;j<n;j++)
                              {a[i][k]=a[i][k]/a[k][k];
                                a[i][j]=a[i][j]-a[i][k]*a[k][j];
                                b[i]=b[i]-a[i][k]*b[k]; }
                }
        k++;
        }while(k<n-2);
        if(fabs(a[n-1][n-1])<e)
               printf("det A = 0\n");
        else {    b[n-1]=b[n-1]/a[n-1][n-1];
                for(i=n-2;i>=0;i--)
                {   sum=0;
                    for(k=i+1;k<n;k++)
                        {sum+=a[k][j]*b[j];}
                    b[i]=(b[i]-sum)/a[i][i];
                }
                    }
        for(i=0;i<n;i++)
        printf("%f\n",b[i]);
    }
```

实验 8　数 组（2）

任务 1　数组与函数的综合应用

【目的与要求】

（1）理解数组与函数之间的关系，包括将数组名作为实参进行函数调用等；

（2）掌握常见的使用数组的算法，包括排序算法、查找算法等。

【上机内容】

1．下面的程序将一个无符号整数转换为二进制表示并存入字符数组中，请填写程序空缺。

```
    #include"stdio.h"
    #include <string.h>
```

```
reverse(char s[])
{
    int temp,i,j;
    for(i=0,j=strlen(s)-1;i<j;i++,j--)
    {  temp=s[i];s[i]=s[j];s[j]=temp;}
}
int main( )
{
    char bin[20];    unsigned n,i=0;
    printf("Input a data"); scanf("%d",&n);
    do
    {
    /**********found**********/
      bin[i++]=________①________;
    }while((n/=2)!=0);
   /**********found**********/

     ________②________;
    reverse(bin);
    puts(bin);
}
```

2．有已按升序排列好的字符串 a，下面程序的功能是将字符串 s 中的每个字符按升序的规则插到数组 a 中，填空完成程序。

```
#include <stdio.h>
#include <string.h>
int main( )
{
    char a[20] = "cehiknqtw";
    char s[ ] = "fbla";
    int i,k,j;
    for(k=0;s[k]!='\0';k++)
    {
      j=0;
      while(s[k]>=a[j]&&a[j]!='\0')
          j++;
   /**********found**********/
      for(________①________)
   /**********found**********/
     ________②________;
      a[j]=s[k];
    }
    puts(a);
}
```

3．给定程序中，函数 fun 的功能：对形参 s 所指字符串中下标为奇数的字符 ASCII 码按大小递增排序，并将排序后的下标为奇数的字符取出，形成一个新串 p。例如，形参 s 所指的字符串为 baawrskjghzlicda，执行后 p 所指字符数组中的字符串应为 aachjlsw。请在程序的下画线处填入正确的内容，使程序得出正确的结果。

```
#include <stdio.h>
void fun(char *s, char *p)
{   int i, j, n, x, t;
    n=0;
    for(i=0; s[i]!='\0'; i++) n++;
    for(i=1; i<n-2; i=i+2) {
/**********found**********/
            ________①________;
/**********found**********/
         for(j= ________②________+2 ; j<n; j=j+2)
           if(s[t]>s[j]) t=j;
         if(t!=i)
         {x=s[i]; s[i]=s[t]; s[t]=x;}
    }
    for(i=1,j=0; i<n; i=i+2, j++) p[j]=s[i];
/**********found**********/
    p[j]= ________③________;
}
int main( )
{   char s[80]="baawrskjghzlicda", p[50];
    printf("\nThe original string is : %s\n",s);
    fun(s,p);
    printf("\nThe result is : %s\n",p);
}
```

4．编写函数 fun 的功能：将 s 所指字符串中下标为偶数同时 ASCII 值为奇数的字符删除，s 所指字符串中剩余的字符形成的新串放在 t 所指的数组中。例如，若 s 所指字符串中的内容为“ABCDEFG12345”，则最后 t 所指的数组中的内容是“BDF12345”。请勿改动主函数 main 和其他函数中的任何内容，仅在函数 fun 的花括号中填入编写的若干语句，完成程序功能。

```
#include <stdio.h>
#include <string.h>
void fun(char s[], char t[])
{


}
int main( )
{
   char s[100], t[100];
   printf("\nPlease enter string S:"); scanf("%s", s);
   fun(s, t);
   printf("\nThe result is: %s\n", t);
}
```

5．编写函数 fun 的功能：求出一个 2×M 整型二维数组中最大元素的值，并将此值返回调用函数。请勿改动主函数 main 和其他函数中的任何内容，仅在函数 fun 的花括号中填入编写的若干语句，完成程序功能。

```
#include <stdio.h>
#define M 4
int fun (int a[][M])
{



}
int main( )
{   int arr[2][M]={5,8,3,45,76,-4,12,82} ;
    printf("max =%d\n", fun(arr));
}
```

6．规定输入的字符串中只包含字母和*号。请编写函数 fun 的功能：将字符串中的前导*号全部删除，中间和尾部的*号不删除。在编写函数时，不得使用 C 语言提供的字符串函数。例如，字符串中的内容为“****A*BC*DEF*G*******”，删除后，字符串中的内容应当是“A*BC*DEF*G*******”。请勿改动主函数 main 和其他函数中的任何内容，仅在函数 fun 的花括号中填入编写的若干语句，完成程序功能。

```
#include<stdio.h>
void fun(char a[])
{



}
int main( )
{   char s[81];
    printf("Enter a string:\n");gets(s);
    fun(s);
    printf("The string after deleted:\n");puts(s);
}
```

7. 水仙花数是指一个 3 位数，它的每位上的数字的 3 次幂之和等于它本身。例如：$1^3 + 5^3 + 3^3 = 153$。先编写水仙花数的判断函数，并在 main 函数中将所有水仙花数存入一个数组中。再依次输出数组中所存的所有水仙花数及水仙花数的个数。

8．三个自然数，如果其中两个自然数的平方和，恰等于第三个数的平方，这样的三个数叫“勾股弦数”。例如：$3^2+4^2=5^2$; $5^2+12^2=13^2$; $7^2+24^2=25^2$。

上面的每组三个数都是勾股弦数。勾、股、弦是直角三角形三个边的名称。较短的直角边称“勾”，较长的直角边称“股”，斜边称“弦”。

编写一个函数，实现对弦数的判断。先编写 main 函数，调用弦数判断的函数，判断出 1000 以内的所有弦数，并存入数组中，再依次输出数组中所存的所有弦数及弦数的总个数。

9．杨辉三角形最本质的特征：它的两条斜边都是由数字 1 组成的，而其余的数则是等于它肩上的两个数之和。

编写程序输出下列杨辉三角形的前 10 行，以及求出前 10 行的和。

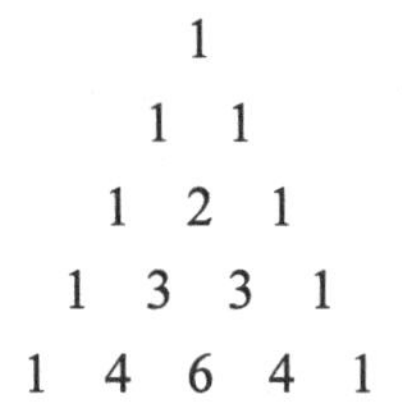

任务 2　工程计算（5）

【目的与要求】

加深对数组的理解。

【上机内容】

在前面实验中，虽然给出了部分工程计算的函数，但并没有给出具体的应用，下面将给出一个在工程计算中处理实验数据计算方法的实例。该实例可以完成以下功能：

① 求平均值；
② 求标准差；
③ 找出并剔除异常值；
④ 求残差；
⑤ 判断累进性误差；
⑥ 判断周期性误差；
⑦ 求合成不确定度；
⑧ 得出被测数据的最终结果。

程序代码如下：

```
/* 处理实验数据*/
/* 功能：1.求平均值；2.求标准差；3.找出并剔除异常值；4.求残差；5.判断累进性误差；6.判断周期
        性误差；7.求合成不确定度；8.得出被测数据的最终结果*/
  #include<math.h>
  #include<stdio.h>
  #include<stdlib.h>
  #include<conio.h>
  #define    MAX    20
  /*这里使用了构造类型数据*/
  typedef  struct  wuli{
        float    d[MAX];
        char     name[10];
        int      LEN;
        float    ccha[MAX];                /*残差数组*/
        float    avg;                      /*data 的平均值*/
        double    sx;                      /*标准偏差 Sx*/
        double    DU;                      /*总不确定度*/
  }wulidata;
  wulidata    *InputData();
  void    average(wulidata    *wl);
```

```
void    YCZhi(wulidata    *wl);
void    CanCha(wulidata    *wl);
void    BZPianCha(wulidata    *wl);        /*标准偏差*/
void    BQDdu(wulidata    *wl);            /*总不确定度*/
void    rage(wulidata    *wl);
void    output(wulidata    *wl);
/*-----------------画线-------------------------------*/
void    line()
{
    int    i;
    printf("\n");
    for(i=0;i<74;i++)
        printf("=");
    printf("\n");
}
/*------------------输入数据----------------------------*/
wulidata    *InputData()
{
        int i=0,k;
        float da;
        char Z=0;
        wulidata    *wl;
        wl=(wulidata*)malloc(sizeof(wulidata));
        printf("请为你要处理的数据起一个名字：");
        scanf("%s",wl->name);
        printf("\n 下面请你输入数据%s 的具体数值，数据不能超过 MAX 个\n",wl->name);
        printf("当 name='#'时输入结束\n");
        do{
            printf("%s%d=",wl->name,i+1);
            scanf("%f",&da);
            wl->d[i]=da;
            i++;
            if(getchar()=='#') break;
        }while(wl->d[i-1]!=0.0&&i<MAX);
        wl->LEN=i-1;
        do{
             printf("你输入的数据如下：\n");
             for(i=0;i<wl->LEN;i++)
                 printf("%s%d=%f\t",wl->name,i+1,wl->d[i]);
             printf("\n 你是否要做出修改(Y/N)?");
             while(getchar()!='\n');
                 Z=getchar();
             if(Z=='y'||Z=='Y'){
                 printf("请输入要修改元素的标号 i=(1～%d)\n",wl->LEN);
                 while(getchar()!='\n');
                       scanf("%d",&k);
                 printf("\n%s%d=",wl->name,k);
                       scanf("%f",&(wl->d[k-1]));
```

```
                }
            else    if(Z=='n'||Z=='N')
                printf("OK!下面开始计算。\n");
        }while(Z!='N'&&Z!='n');
        return(wl);
}
/*--------------求平均------------------------------------------*/
void    average(wulidata    *wl)
{
    float    ad,sum=0;
    int    i;
    for(i=0;i<wl->LEN;i++)
    {
        sum=sum+(wl->d[i]);
    }
    ad=sum/(wl->LEN);
    wl->avg=ad;
}
/*-------------残差-------------------------------------*/
void    CanCha(wulidata    *wl)
{
    int    i;
    for(i=0;i<wl->LEN;i++)
        wl->ccha[i]=(wl->d[i])-(wl->avg);
}
  /*----------------检查并剔除异常值----------------*/
void    YCZhi(wulidata    *wl)
{
    int    i,j;
    float g,YCZhi;
    double temp,CCha;
    printf("下面开始检查并剔除异常值！\n");
    do{
        printf("当前共有%d 个数，数据如下：\n",wl->LEN);
        for(i=0;i<wl->LEN;i++)
            printf("%s%d=%f\t",wl->name,i+1,wl->d[i]);
        j=-1;
        CCha=0.0;
        printf("\n 请输入 g 的值\ng=");
        scanf("%f",&g);
        for(i=0;i<wl->LEN;i++)
        {
            temp=fabs((wl->d[i])-(wl->avg));
            if((temp>g*(wl->sx))&&(temp>CCha))
            {
                YCZhi=wl->d[i];
                CCha=temp;
                j=i;
```

```
            }
        }
        if(j>=0){
            printf("找到异常值为%s%d=%f，将它剔除。\n",wl->name,(j+1),wl->d[j]);
            for(i=j;i<wl->LEN-1;i++)
                wl->d[i]=wl->d[i+1];
            wl->LEN--;
        }
        else
                printf("本次未找到异常数据，数据中异常数据已剔除完毕！\n");
    }while(j>=0);
    printf("当前共有%d 个数，数据如下：\n",wl->LEN);
    for(i=0;i<wl->LEN;i++)
        printf("%s%d=%f\t",wl->name,i+1,wl->d[i]);
}
/*------------------标准差--------------------------------*/
void    BZPianCha(wulidata    *wl)
{
    double    sum;
    int    i;
    sum=0.0;
    for(i=0;i<wl->LEN;i++)
        sum=sum+pow(wl->d[i],2);
    sum=sum-wl->LEN*pow(wl->avg,2);
    wl->sx=sqrt(sum/(wl->LEN-1));
}
/*-----------------判断累进性误差------------------------*/
void    leijinxwc(wulidata    *wl)
{
    double M,sum1,sum2,temp;
    int i;
    sum1=sum2=0.0;
    temp=wl->ccha[0];
    for (i=1;i<=wl->LEN;i++)
        if (temp<wl->ccha[i])   temp=wl->ccha[i];
    if(wl->LEN%2==0)                    /*数据为偶数个时*/
     {
          for(i=0;i<(wl->LEN/2);i++)
          {
              sum1=sum1+ wl->ccha[i];
          }
          for (i=(wl->LEN/2);i<wl->LEN;i++)
          {
              sum2=sum2+wl->ccha[i];
          }
              M=fabs(sum1-sum2);
              if(M>temp)   printf("存在累进性误差\n");
```

```
            else   printf("不存在累进性误差\n");
        }
        else                                    /*数据为奇数个时*/
        {
            for(i=0;i<(((wl->LEN)-1)/2);i++)
            {
                sum1=sum1+ wl->ccha[i];
            }
            for (i=((wl->LEN)+1)/2;i<wl->LEN;i++)
            {
                sum2=sum2+wl->ccha[i];
            }
            M=fabs(sum1-sum2);
            if(M>temp)   printf("存在累进性误差\n");
            else   printf("不存在累进性误差\n");
        }
    }
    /*----------------判断周期性误差---------------------------*/
    void zhouqixwc(wulidata     *wl)
    {
        double sum=0;
        int i;
        for(i=0;i<wl->LEN-1;i++)
            sum=sum+(wl->ccha[i])*(wl->ccha[i+1]);
        if(fabs(sum)>(sqrt(wl->LEN-1))*pow(wl->sx,2))
            printf("存在周期性误差\n");
        else printf("不存在周期性误差\n");
    }
    /*----------------总不确定度-----------------------------*/
    void    BQDdu(wulidata     *wl)
    {
        float A,B,Q,k1,k2,y;
        printf("请输入系统不确定度百分比 y：");
        scanf("%f",&y);
        printf("请输入系统误差分布系数 k1：");
        scanf("%f",&k1);
        printf("请输入平均值随机误差分布系数 k2：");
        scanf("%f",&k2);
        printf("%lf\n",(double)((wl->avg)*y));
        printf("%f\n",(wl->sx)/sqrt(wl->LEN));
        Q=((wl->avg)*y)/k1;
        A=(double)pow((wl->sx)/sqrt(wl->LEN),2);
        B=(double)pow(Q,2);
        wl->DU=(double)k2*(sqrt(A+B));
   }
    /*-----------------------------------------------------------*/
    void rage(wulidata     *wl)
```

```
{
     printf("计算得到所求值的范围%f～%f。\n",(wl->avg-wl->DU),(wl->avg+wl->DU));
}
/*------------------输出计算结果---------------------------------*/
void    output(wulidata    *wl)
{
   int    i;
   printf("\n");
   line( );
   printf("你输入的数据如下：\n");
   for(i=0;i<wl->LEN;i++)
   {
      printf("%s%d=%f\t",wl->name,i+1,wl->d[i]);
   }
   printf("\n");
   printf("\n\t 数据%s 的平均值(A)%s=%f",wl->name,wl->name,wl->avg);
   line( );
   printf("数据的残差如下:\n");
   for(i=0;i<wl->LEN;i++)
   {
      printf("Δ%s%d=%s%d-(A)%s=%f\t\t",wl->name,i+1,wl->name,i+1,wl->name, wl->ccha[i]);
   }
      line( );
      printf("求得标准偏差 Sx\n");
      printf("Sx=%f",wl->sx);
      printf("\n");
      printf("总不确定度Δ=k2* √A^2+B^2 \n");
      printf("%s 的总不确定度Δ=%lf\n\n",wl->name,wl->DU);
}
/*==================主程序====================*/
int main( )
{
    wulidata    *Hua=NULL;
    Hua=InputData( );
    average(Hua);
    BZPianCha(Hua);           /*标准偏差*/
    YCZhi(Hua);
    average(Hua);
    BZPianCha(Hua);
    CanCha(Hua);
    leijinxwc(Hua);
    zhouqixwc(Hua);
    BQDdu(Hua);               /*总不确定度*/
     output(Hua);
     rage(Hua);
     getch( );
     return 0;
}
```

实验 9　指 针（1）

任务　指针的基本定义与应用

【目的与要求】

（1）掌握指针的概念；
（2）学会指针变量的定义与引用；
（3）理解和掌握指针变量与普通变量的关系及应用；
（4）理解和掌握指针变量与一维数组的关系及应用；
（5）掌握指针变量与字符数组的关系及应用。

【上机内容】

1．阅读分析下面程序，写出运行结果，理解指针概念及“*”“&”的含义。

```
#include <stdio.h>
int main( )
{
    int a,b;
    int   *p1,*p2;
    a=100; b=10;
    p1=&a;
    p2=&b;
    printf("a=%d,b+2=%d\n",a ,b+2);
    printf("*p1=%d,*p2+2=%d\n",*p1,*p2+2 );
}
```

思考：在本题中，是否能用&*a 代替*&a。

2．阅读分析下面程序，写出运行结果，理解指针与一维数组的关系。

```
#include<stdio.h>
int main( )
{
    int a[]={1,2,3,4,5,6,7,8,9};
    int *p=a,b,c,s=0;
    for(b=0;b<3;b++)
        for(c=0;c<3;c++)
            if(b==c)   { p++; s+=*p; }
    printf("s=%d\n",s);
}
```

3．阅读下面程序，理解指针、数组的多种表示法。

```
#include<stdio.h>
int main( )
{
```

```
        int a[]={1,2,3};
        int *p,k;
        p=a;
        for(k=0;k<3;k++)
        {
            printf("a[%d]=%d\n",k,a[k]);
            printf("p[%d]=%d\n",k,p[k]);
            printf("*(p+%d)=%d\n",k,*(p+k));
            printf("*(a+%d)=%d\n",k,*(a+k));
        }
    }
```

4．在空格中填上语句，以实现字符串复制的功能。

```
    #include<stdio.h>
    int main( )
    {
        char *ps="C language";
        char str[15];
        char *p1,*p2;
        p1=ps;
        p2=str;
        while(*p1!='\0')
        {
        /**********found**********/
            ________①________;
        /**********found**********/
            ________②________;
        /**********found**********/
            ________③________;
        }
        *p2='\0';
        printf("ps=%s\n",ps);
        printf("str=%s\n",str);
    }
```

5．下面程序，完成从键盘输入两个字符串 a 和 b，再将 a 和 b 的对应位置字符中的较大者存放在数组 c 中，当一个字符串结束时停止比较，此时将另一个字符串剩下的字符直接放在数组 c 的后面，填空完成该程序。

```
    #include <stdio.h>
    #include <string.h>
    int main( )
    {
        int k=0;
        char a[80],b[80],c[80]={'\0'},*p,*q;
        p=a;q=b;
        gets(a);
        gets(b);
    /**********found**********/
```

```
        while(________①________)
        {
      /**********found**********/
          if(________②________)   c[k]=*p;
          else   c[k]=*q;
          p++;
      /**********found**********/
          ________③________;
          k++;
        }
        if(*p!= '\0')   strcat(c,p);
        else   strcat(c,q);
        puts(c );
    }
```

6．编写函数 fun 的功能：将形参 s 所指字符串中所有 ASCII 码值小于 97 的字符存入形参 t 所指字符数组中，形成一个新串，并统计出符合条件的字符个数作为函数值返回。例如，形参 s 所指的字符串为 Abc@1x56*，程序执行后 t 所指字符数组中的字符串应为 A@156*。请在程序的下画线处填入正确的内容并把下画线删除，使程序得出正确的结果。

```
#include   <stdio.h>
int fun(char *s, char *t)
{   int n=0;
    while(*s)
    { if(*s < 97) {
/**********found**********/
        *(t+n)= ________①________ ; n++;}
/**********found**********/
     ________②________ ;
    }
    *(t+n)=0;
/**********found**********/
    return   ________③________ ;
}
int main( )
{ char s[81],t[81]; int n;
   printf("\nEnter a string:\n"); gets(s);
   n=fun(s,t);
   printf("\nThere are %d letter which ASCII code is less than 97: %s\n",n,t);
}
```

7．编写函数 fun 的功能：把主函数中输入的 3 个数，最大的放在 a 中，最小的放在 c 中，中间的放在 b 中。例如，输入的数为 55、12、34，输出结果应当是：a=55.0，b=34.0，c=12.0。请改正程序中的错误，使它能得出正确的结果。

```
#include <stdio.h>
void fun(float *a,float *b,float *c)
{
/**********found**********/
```

```
        float *k;
        if(*a<*b)
        {   k=*a; *a=*b; *b=k;   }
/**********found**********/
        if(*a>*c)
        {   k=*c; *c=*a; *a=k;   }
        if(*b<*c)
        {   k=*b; *b=*c; *c=k;   }
}
int main( )
{   float a,b,c;
    printf("Input a b c: "); scanf("%f%f%f",&a, &b,&c);
    printf("a = %4.1f, b = %4.1f, c = %4.1f\n\n",a,b,c);
    fun(&a,&b,&c);
    printf("a = %4.1f, b = %4.1f, c = %4.1f\n\n",a,b,c);
}
```

8．编写函数 fun 的功能：将长整数中每一位为奇数的数依次取出，构成一个新数放在 t 中。例如，当 s 中的数为 87653142 时，t 中的数为 7531。请改正程序中的错误，使它能得出正确的结果。

```
#include <stdio.h>
void fun (long s, long *t)
{ int d;
  long sl=1;
/************found************/
  t = 0;
  while (s > 0)
  {d = s%10;
/************found************/
     if (d%2 == 0)
     {   *t = d * sl + *t;
         sl *= 10;
     }
/************found************/
     s\= 10;
  }
}
int main( )
{   long s, t;
    printf("\nPlease enter s:"); scanf("%ld", &s);
    fun(s, &t);
    printf("The result is: %ld\n", t);
}
```

9．编写函数 fun 的功能：将 a、b 中的两个两位正整数合并形成一个新的整数放在 c 中。合并的方式：将 a 中的十位和个位数依次放在变量 c 的百位和个位上，b 中的十位和个位数依次放在变量 c 的十位和千位上。例如，当 a =45，b =12。调用该函数后，c =2415。

请勿改动主函数 main 和其他函数中的任何内容，仅在函数 fun 的花括号中填入编写的若干语句。

```
#include<stdio.h>
void fun(int a, int b, long *c)
{

}
int main( )
{   int a,b; long c;
    printf("Input a, b:");
    scanf("%d%d", &a, &b);
    fun(a, b, &c);
    printf("The result is: %ld\n", c);
}
```

10．请编写一个函数 fun 的功能：删除字符串中的所有空格。

例如，主函数中输入“asd　af　aa　z67”，则输出为“asdafaaz67”。

请勿改动主函数 main 和其他函数中的任何内容，仅在函数 fun 的花括号中填入编写的若干语句。

```
#include <stdio.h>
#include <ctype.h>
void fun(char *str)
{

}
int main( )
{
   char str[81];
   printf("Input a string:");
   gets(str);
   puts(str);
   fun(str);
   printf("*** str: %s\n",str);
}
```

11．编程实现从键盘输入 10 个整数，然后求出其中最小值（采用指针实现）。

实验 10　指　针（2）

任务　指针与函数的综合应用

【目的与要求】

（1）理解并掌握二维数组的指针表示法；

（2）理解指针与函数的关系；

（3）理解指针与数组的关系；

（4）学会使用指针编写综合应用程序。

【上机内容】

1．阅读并运行下列程序，理解访问二维数组元素的多种方法。

```
#include<stdio.h>
int main( )
{
    int a[3][4];
    int i,j;
    for(i=0;i<3;i++)
      for(j=0;j<4;j++)
        scanf("%d",&a[i][j]);                /*数组元素下标表示法*/
    for(i=0;i<3;i++)
    {
        for(j=0;j<4;j++)
            printf("%4d",*(*(a+i)+j));       /*数组元素指针表示法*/
        printf("\n");
    }
    printf("\n");
    for(i=0;i<3;i++)
    {
        for(j=0;j<4;j++)
            printf("%4d",*(a[i]+j));         /*数组元素下标+指针表示法*/
        printf("\n");
    }
    printf("\n");
}
```

2．编写函数 fun 的功能：将 a 所指 3×5 矩阵中第 *k* 列的元素左移到第 0 列，第 *k* 列以后的每列元素依次左移，原来左边的各列依次绕到右边。

例如，有下列矩阵：

1　2　3　4　5

1　2　3　4　5

1　2　3　4　5

若 *k* 为 2，程序执行结果为：

3　4　5　1　2

3　4　5　1　2

3　4　5　1　2

请在程序的下画线处填入正确的内容并把下画线删除，使程序得出正确的结果。

```
#include   <stdio.h>
#define M 3
#define N 5
 /**********found**********/
void fun(int (*a) ________①________,int k)
```

```
{   int i,j,p,temp;
/**********found**********/
    for(p=1; p<=________②________; p++)
      for(i=0; i<M; i++)
      {   temp=a[i][0];
/**********found**********/
          for(j=0; j< ________③________ ; j++) a[i][j]=a[i][j+1];
/**********found**********/
          a[i][N-1]= ________④________;
      }
}
int main( )
{   int x[M][N]={ {1,2,3,4,5},{1,2,3,4,5},{1,2,3,4,5} },i,j;
    printf("The array before moving:\n\n");
    for(i=0; i<M; i++)
    {   for(j=0; j<N; j++) printf("%3d",x[i][j]);
        printf("\n");
    }
    fun(x,2);
    printf("The array after moving:\n\n");
    for(i=0; i<M; i++)
    {   for(j=0; j<N; j++) printf("%3d",x[i][j]);
        printf("\n");
    }
}
```

3．编写函数 fun 的功能：先统计形参 s 所指字符串中数字字符出现的次数，并存放在形参 t 所指的变量中，然后在主函数中输出。例如：形参 s 所指的字符串为 abcdef35adgh3kjsdf7，输出结果为 4。

```
#include <stdio.h>
/**********found**********/
void fun(char *s, ________①________)
{   int i, n;
    n=0;
/**********found**********/
    for(i=0; ________②________ !=0; i++)
/**********found**********/
        if(s[i]>='0'&&s[i]<= ________③________) n++;
/**********found**********/
    ________④________;
}
int main( )
{   char s[80]="abcdef35adgh3kjsdf7";
    int t;
    printf("\nThe original string is : %s\n",s);
/**********found**********/
    fun(________⑤________);
    printf("\nThe result is : %d\n",t);
}
```

4．编写函数 fun 的功能：交换主函数中两个变量的值。例如：若变量 a 中的值原为 8，b 中的值原为 3。程序运行后，a 中的值为 3，b 中的值为 8。请改正程序中的错误，使它能得出正确的结果。

```
#include <stdio.h>
/**********found**********/
void fun (int a, int b)
{   int t;
/**********found**********/
    t = b; b = a ; a = t;
}
int main ( )
{   int a, b;
    printf ("Enter a , b : "); scanf ("%d,%d", &a, &b);
    fun (&a , &b);
    printf (" a = %d b = %d\n ", a, b);
}
```

5．编写函数 fun 的功能：将 s 所指字符串的正序和反序进行连接，形成一个新串放在 t 所指的数组中。例如，当 s 所指字符串为"ABCD"时，则 t 所指字符串中的内容应为"ABCDDCBA"。请改正程序中的错误，使它能得出正确的结果。

```
#include <stdio.h>
#include <string.h>
/************found************/
void fun (char s, char t)
{
   int i, d;
   d = strlen(s);
   for (i = 0; i<d; i++) t[i] = s[i];
   for (i = 0; i<d; i++) t[d+i] = s[d-1-i];
/************found************/
   t[2*d-1] = '\0';
}
int main( )
{
   char s[100], t[100];
   printf("\nPlease enter string S:"); scanf("%s", s);
   fun(s, t);
   printf("\nThe result is: %s\n", t);
}
```

6．编写函数 fun 的功能：统计一行字符串中单词的个数，作为函数值返回。一行字符串在主函数中输入，规定所有单词由小写字母组成，单词之间由若干个空格隔开，一行的开始没有空格。请勿改动主函数 main 和其他函数中的任何内容，仅在函数 fun 的花括号中填入编写的若干语句。

```
#include <stdio.h>
#include <string.h>
```

```
#define N 80
int fun(char *s)
{


}
int main( )
{   char line[N]; int num=0;
    printf("Enter a string :\n"); gets(line);
    num=fun(line);
    printf("The number of word is : %d\n",num);
}
```

7. 编写函数 fun 的功能：比较两个字符串的长度（不得调用 C 语言提供的求字符串长度的函数），函数返回较长的字符串。若两个字符串长度相同，则返回第一个字符串。

例如，输入 beijing<CR>shanghai<CR>(<CR>为回车键)，函数将返回 shanghai。

请勿改动主函数 main 和其他函数中的任何内容，仅在函数 fun 的花括号中填入编写的若干语句。

```
#include <stdio.h>
char *fun (char *s, char *t)
{


}
int main( )
{ char a[20],b[20];
  printf("Input 1th string:");
  gets(a);
  printf("Input 2th string:");
  gets(b);
  printf("%s\n",fun (a, b));
}
```

8. 利用指针编写程序，实现对数组进行从小到大的排序（冒泡法）。

9. 100 人围成一圈，从第 1 个人开始，每数到 3 的人出圈，求最后一个出圈的人是谁？

10. 从键盘输入一行文字，找出其中大写字母、小字字母、数字及其他字符各有多少？（采用指针实现）。

实验 11　结构体、共用体与枚举

任务　结构体、共用体与枚举构造数据类型的定义与使用

【目的与要求】

（1）掌握结构体类型数组变量的定义；

（2）学会使用结构体变量作为函数参数，实现函数调用；

（3）掌握共用体成员定义、初始化和各种引用的方式。

【上机内容】

1．将以下程序补充完整。

学生的记录由学号和成绩组成，N名学生的数据已在主函数中放入结构体数组s中，请编写函数fun的功能：把分数最高的学生数据放在h所指的数组中，注意：分数最高的学生可能不止一个，函数返回分数最高学生的人数。

```
#include <stdio.h>
#define N 16
typedef struct
{   char num[10];
    int s;
} STREC;
int fun(STREC *a, STREC *b)
{
    int i, max=a[0].s, n=0;
    for(i=1; i<N; i++)
      /**********found**********/
      if(max<a[i].s) max= ________①________;   /* 找出最高成绩 */
    for(i=0; i<N; i++)
      /**********found**********/
      if(max==a[i].s) b[n++]= ________②________ ;   /* 找相等的最高成绩并存入数组b中 */
    return n;   /* 返回符合条件的人数 */
}
int main( )
{   STREC s[N]={{"GA05",85},{"GA03",76},
    {"GA02",69},{"GA04",85},{"GA01",91},
    {"GA07",72},{"GA08",64},{"GA06",87},
    {"GA015",85},{"GA013",91},{"GA012",64},
    {"GA014",91},{"GA011",77},{"GA017",64},
    {"GA018",64},{"GA016",72}};
    STREC h[N];
    int i,n;
    n=fun(s,h);
    printf("The %d highest score :\n",n);
    for(i=0;i<n; i++)
      printf("%s    %4d\n",h[i].num,h[i].s);
    printf("\n");
}
```

2．以下程序通过定义学生结构体数组，存储了若干学生的学号、姓名和3门课的成绩。编写函数fun的功能：将存放学生数据的结构体数组，按照姓名的字典序（从小到大）排序。

请在程序的下画线处填入正确的内容并把下画线删除，使程序得出正确的结果。

```
#include   <stdio.h>
#include   <string.h>
```

```
struct student {
    long    sno;
    char    name[10];
    float   score[3];
};
void fun(struct student   a[], int   n)
{
/*********found**********/
    ________①________t;
    int   i, j;
  /*********found**********/
    for (i=0; i<________②________; i++)
        for (j=i+1; j<n; j++)
        if (strcmp(________③________) > 0)
        {   t = a[i];    a[i] = a[j];   a[j] = t;   }
}
int main()
{   struct student   s[4]={{10001,"ZhangSan", 95, 80, 88},{10002,"LiSi", 85, 70, 78},{10003,"CaoKai",
      75, 60, 88}, {10004,"FangFang", 90, 82, 87}};
    int   i, j;
    printf("\n\nThe original data :\n\n");
    for (j=0; j<4; j++)
    {   printf("\nNo: %ld   Name: %-8s          Scores:   ",s[j].sno, s[j].name);
        for (i=0; i<3; i++)   printf("%6.2f ", s[j].score[i]);
        printf("\n");
    }
    fun(s, 4);
    printf("\n\nThe data after sorting :\n\n");
    for (j=0; j<4; j++)
    {   printf("\nNo: %ld   Name: %-8s          Scores:   ",s[j].sno, s[j].name);
        for (i=0; i<3; i++)   printf("%6.2f ", s[j].score[i]);
        printf("\n");
    }
}
```

在上述程序中，采用结构体指针变量作为函数参数，通过参数传递将结构体成员值作为实参传递。

3．下面程序通过对学生学号、姓名、出生年月日信息的输入与输出，分析并理解指向结构体类型变量的正确使用方法，以及结构体嵌套定义。

```
#include <stdio.h>
#include <stdlib.h>                        /*使用 malloc( )需要包括该头文件*/
struct data                                /*定义结构体*/
{
    int day,month,year;
};
struct stu                                 /*定义结构体*/
{
```

```
        char name[20];
        long num;
        struct data birth;                          /*嵌套的结构体类型成员*/
    };
    int main()                                      /*定义 main()函数*/
    {
        struct stu *xs;                             /*定义结构体类型指针*/
        xs=(struct stu *)malloc(sizeof(struct stu));      /*为指针变量分配安全的地址*/
        printf("Input name,number,year,month,day:\n");
        scanf("%s",xs->name);                       /*输入学生姓名、学号、出生年月日*/
        scanf("%ld", &xs->num);
        scanf("%d %d %d", &xs->birth.year,&xs->birth.month,&xs->birth.day);
        printf("\nOutput name,number,year,month,day\n" );  /*打印输出各成员项的值*/
        printf("%s%ld %5d// %d// %d\n",xs->name,xs->num,xs->birth.year,
        xs->birth.month,xs->birth.day);
    }
```

程序中使用结构体类型指针引用结构体变量的成员，需要通过C提供的函数malloc( )来为指针分配安全的地址。函数 sizeof( )返回值是计算给定数据类型所占内存的字节数。指针所指各成员形式为：

```
xs->name
xs->num
xs->birth.year
xs->birth.month
xs->birth.day
```

运行结果如下：

```
Input name,number,year,month,day:
HanTingyu 22 1985 11 1
HanTingyu22 1985//11//1
```

4．验证下面程序，熟悉共用体变量的使用。

```
#include   <stdio.h>
union ab{
    int a;
    char b[2];
};
int main()
{
    union ab t;
    t.a=0x1234;
    printf("t.a=%x\n t.b[1]=%x\n t.b[0]=%x\n",t.a,t.b[1],t.b[0]);
}
```

程序输出结果如下：

```
t.a=1234
t.b[1]=12
t.b[0]=34
```

上面程序中，共用体变量 t 的成员 a 赋值为 0x1234。由于 a 为整型变量，占用 4 字节，数组 b 占用 2 字节，所以共用变量 t 占用字节数即为成员 a 的长度 4，而数组 b 占用低 2 字节（这就是共用体成员共同占用同一片存储空间）。b[0]对应 a 的第 1 字节，b[1]对应 a 的第 2 字节。

5．给定程序中，函数 fun( )的功能是将带头结点的单向链表结点数据域中的数据从小到大排序。即若原链表结点数据域从头至尾的数据为 10、4、2、8、6，则排序后链表结点数据域从头至尾的数据为 2、4、6、8、10。

请在程序的下画线处填入正确的内容并将下画线删除, 使程序得出正确的结果。

```
#include    <stdio.h>
#include    <stdlib.h>
#define     N      5
typedef struct node {
      int    data;
      struct node    *next;
} NODE;
void fun(NODE    *h)
{   NODE    *p, *q;      int    t;
/**********found**********/
    p =________①________;
    while (p) {
    /**********found**********/
        q =________②________;
        while (q) {
    /**********found**********/
            if (p->data ________③________ q->data)
            {    t = p->data;    p->data = q->data;    q->data = t;    }
            q = q->next;
    }
    p = p->next;
  }
}
NODE *creatlist(int    a[])
{   NODE    *h,*p,*q;            int    i;
    h = (NODE *)malloc(sizeof(NODE));
    h->next = NULL;
    for(i=0; i<N; i++)
    {   q=(NODE *)malloc(sizeof(NODE));
        q->data=a[i];
        q->next = NULL;
        if (h->next == NULL)    h->next = p = q;
        else      {   p->next = q;    p = q;     }
    }
        return    h;
}
void outlist(NODE    *h)
{   NODE    *p;
```

```
        p = h->next;
        if (p==NULL)    printf("The list is NULL!\n");
        else
        {   printf("\nHead   ");
            do
            {   printf("->%d", p->data); p=p->next;   }
            while(p!=NULL);
            printf("->End\n");
        }
    }
    int main( )
    {   NODE   *head;
        int   a[N]= {10, 4, 2, 8, 6 };
        head=creatlist(a);
        printf("\nThe original list:\n");
        outlist(head);
        fun(head);
        printf("\nThe list after sorting :\n");
        outlist(head);
    }
```

6．现有如下一个结构体及变量，要求编程实现找到年龄最大的人，并输出结果。

```
struct man
{   char name[20];
    int age;
} person[4]={"li",18,"wang",19,"zhang",20,"sun",22};
```

7．现有如下结构体定义：

```
struct student
{   int StuID;
    char name[20];
    char gender;
    int age;
}stu[3]={{10101,"Li Lin",'M',18},
         {10102,"Zhang Fun",'M',19},
         {10104,"Wang Min",'F',20}};
```

要求遍历所有结构体成员，并输出在屏幕上。（算法不限）

8．现有如下一个结构体：

```
typedef struct node {
    int   data;
    struct node   *next;
} NODE;
```

编写程序，实现将带头结点的单向链表结点数据域中的数据从小到大排序。即若原链表结点数据域从头至尾的数据为10、4、2、8、6，则排序后链表结点数据域从头至尾的数据为2、4、6、8、10。（算法不限）

实验 12 文 件

任务 文件的读、写操作

【目的与要求】

（1）掌握文件的打开与关闭；

（2）学会使用文件的读、写操作命令。

【上机内容】

1．从键盘输入一个以“#”为结束标志的字符串，将它存入指定的文件中，并填空完成下面程序。

```
#include <stdio.h>
#include <string.h>
#include <stdlib.h>
int main ( )
{    FILE   *fp;
    char   ch, fn[10];
    printf ("\nInput the file name: ");
     /**********found**********/
    scanf ("%s", fn);
       if( (________①________)==NULL)
            {
                printf ("\nCannot create file");
                exit (1 );
            }
    ch = getchar( );
    /**********found**********/
    while (________②________)
            {      fputc ( ch , fp);
                   ch = getchar( );
            }
      fclose ( fp );
}
```

2．填空完成下面程序。

给定程序的功能：从键盘输入若干行文本（每行不超过 80 个字符），写到文件 myfile4.txt 中，用–1 作为字符串输入结束的标志。然后将文件的内容读出显示在屏幕上。文件的读、写分别由自定义函数 ReadText 和 WriteText 实现。

```
#include <stdio.h>
#include <string.h>
#include <stdlib.h>
void WriteText(FILE *);
```

```
void ReadText(FILE *);
int main( )
{FILE *fp;
    if((fp=fopen("myfile4.txt","w"))==NULL)
    {   printf(" open fail!!\n");   exit(0);   }
    WriteText(fp);
    fclose(fp);
    if((fp=fopen("myfile4.txt","r"))==NULL)
    {   printf(" open fail!!\n");   exit(0);   }
    ReadText(fp);
    fclose(fp);
}
    /**********found**********/
void WriteText(FILE ________①________ )
{   char str[81];
    printf("\nEnter string with -1 to end :\n");
    gets(str);
    while(strcmp(str,"-1")!=0) {
    /**********found**********/
        fputs(________②________,fw);
        fputs("\n",fw);
        gets(str);
    }
}
void ReadText(FILE *fr)
{char str[81];
    printf("\nRead file and output to screen :\n");
    fgets(str,81,fr);
    while(!feof(fr)) {
       printf("%s",str);
   /**********found**********/
       fgets(________③________ ）,81,fr);
    }
}
```

3．填空完成下面程序。

以下程序的功能：调用函数 file_copy 将指定源文件中的内容复制到指定的目标文件中，复制成功时函数返回值为 1，失败时返回值为 0。在复制的过程中，把复制的内容输出到显示器。主函数中源文件名放在变量 sfname 中，目标文件名放在 tfname 中。

```
#include <stdio.h>
#include <stdlib.h>
int file_copy (char *source, char *target)
{   FILE *fs,*ft; char ch;
   /**********found**********/
    if((fs=fopen(source, ________①________ ))==NULL)
        return 0;
    if((ft=fopen(target, "w"))==NULL)
```

```
        return 0;
    printf("\nThe data in file :\n");
    /**********found**********/
    fscanf(________②________,"%c",&ch);
    while(!feof( fs))
    {
      putchar(ch);
      fprintf(ft,"%c",ch);
      fscanf(fs,"%c",&ch);
    }
    fclose(fs); fclose(ft);
    printf("\n\n");
    return 1;
}
int main( )
{   char sfname[20] ="myfile1",tfname[20]="myfile2";
    FILE *myf; int i; char c;
    myf=fopen(sfname,"w");
    printf("\nThe original data :\n");
    for(i=1; i<30; i++)
    {
        c='A'+rand()%25;
        fprintf(myf, "%c",c);
        printf("%c",c);
    }
    fclose(myf);printf("\n\n");
    /**********found**********/
    if (file_copy (sfname, ________③________ ) )   printf("Succeed!\n");
    else printf("Fail!\n");
}
```

4．以下程序中定义了函数 fun，其功能是先将自然数 1～10 及其平方根写到名为 file1.txt 的文本文件中，然后再顺序显示在屏幕上，请将程序补充完整。

```
#include <math.h>
#include <stdio.h>
int fun(char *fname)
{     FILE *fp; int i,n; float x;
    if((fp=fopen(fname, "w"))==NULL)
        return 0;
    for(i=1;i<=10;i++)
    /**********found**********/
      fprintf(________①________,"%d %f\n",i,sqrt((double)i));
    printf("\nSucceed! !  \n");
    /**********found**********/
    fclose(________②________);
    printf("\nThe data in file :\n");
    /**********found**********/
    if((fp=fopen(________③________,"r"))==NULL)
      return 0;
```

```
        fscanf(fp,"%d%f",&n,&x);
        while(!feof(fp))
        {
            printf("%d %f\n",n,x);
            fscanf(fp,"%d%f", &n,&x);
    }
        fclose(fp);
        return 1;
    }
    int main( )
    {   char fname[]="file1.txt";
        fun(fname);
    }
```

5．要求从某个文本文件中读入 10 个整数，在程序中对这 10 个整数进行自大变小的排序，并输出到另一个文本文件中。（排序算法不限，自定义文件位置及名称）

6．编写程序，将文本文件 file1 中的内容，复制到文本文件 file2 中。（算法不限，自定义文件位置）

7．编写程序，从键盘上输入一个字符串，以“#”结束，将这个字符串以“追加”的方式存入文本文件中。（算法不限，自定义文件位置及名称）

如：该文件中原有字符串“Hello”，运行该程序后，从键盘上输入了“World!”则文件的内容变为“HelloWorld!”

8．从文件中读入 10 个考试成绩，计算平均成绩，并输出到屏幕上。

实验 13　综合实验（1）

任务　综合实验

【目的与要求】

掌握指针与函数、数组、结构体、文件的综合编程。

【上机内容】

1．程序填空题

给定程序 BLANK1.cpp 中，函数 fun 的功能：统计整型变量 m 中各数字出现的次数，并存放到数组 a 中。其中，a[0]存放 0 出现的次数，a[1]存放 1 出现的次数，……a[9]存放 9 出现的次数。

例如，若 m 为 14579233，则输出结果应为 0,1,1,2,1,1,0,1,0,1。

请在程序的下画线处填入正确的内容并把下画线删除，使程序得出正确的结果。

给定源程序：

```
/*BLANK1.cpp*/
#include <stdio.h>
void fun(int m , int a[10])
```

```
{ int i;
 for (i=0;i<10;i++)
/**********found**********/
________①________ =0;
 while(m>0)
 {
 /**********found**********/
    i= ________②________ ;
    a[i]++;
 /**********found**********/
    m= ________③________ ;
 }
}
int main ( )
{   int m, a[10], i ;
    printf ("\n 请输入一个整数: ");
    scanf ("%d", &m);
    fun(m,a);
    for (i=0;i<10;i++)
      printf ("%d, ", a[i]);
    printf ("\n ");
}
```

2．程序修改题

给定程序 MODI1.cpp 中函数 fun 的功能：从低位开始取出整型变量 s 中偶数位上的数，依次构成一个新数放在 t 中。高位仍在高位，低位仍在低位。

例如，当 s 中的数为 87653142 时，t 中的数为 8642。

请改正程序中的错误，使它能得出正确的结果。

注意：不要改动 main 函数，不得增行或删行，也不得更改程序的结构。

```
/* MODI1.cpp*/
#include <stdio.h>
/**********found**********/
void fun (int s, int   t)
{    int d,sl=1;
     *t = 0;
     while (s >0)
     { d=s%10;
/**********found**********/
     if(d%2=0)
        { *t=d* sl+ *t;
          sl *= 10;
        }
       s/= 10;
     }
}
int main()
```

```
{   int s, t;
    printf("\nPlease enter s:"); scanf("%d", &s);
    fun(s, &t);
    printf("The result is: %d\n", t);
}
```

3．程序设计题

编写函数 void fun(char *tt，int pp[ ])，统计在 tt 所指的字符串中 'a' 到 'z' 26 个小写字母各自出现的次数，并依次放在 pp 所指的数组中。

例如，当输入字符串 abcdefgabcdeabc 后，程序的输出结果：

3 3 3 2 2 1 1 0 0 0 0 0 0 0 0 0 0 0 0 0 0 0 0 0 0 0

注意：部分源程序在文件 PROG1.cpp 中。

请勿改动主函数 main 和其他函数中的任何内容，仅在函数 fun 的花括号中填入编写的若干语句。

```
/* PROG1.cpp*/
#include <stdio.h>
#include <string.h>
void fun(char *tt, int pp[])
{


}
int main( )
{ char aa[1000] ;
  int bb[26], k ;
  void NONO ( );
  printf( "\nPlease enter a char string:" ) ; scanf("%s", aa) ;
  fun(aa, bb ) ;
  for ( k = 0 ; k < 26 ; k++ ) printf ("%d ", bb[k]) ;
  printf( "\n" ) ;
  NONO ( ) ;
}
void NONO ( )
{/* 本函数用于打开文件，输入测试数据，调用 fun 函数，输出数据，关闭文件。*/
  char aa[1000] ;
  int bb[26], k, i ;
  FILE *rf, *wf ;
  rf = fopen("in.dat","r") ;
  wf = fopen("out.dat","w") ;
  for(i = 0 ; i < 10 ; i++) {
  fscanf(rf, "%s", aa) ;
  fun(aa, bb) ;
  for ( k = 0 ; k < 26 ; k++ ) fprintf (wf, "%d ", bb[k]) ;
  fprintf(wf, "\n" ) ;
}
  fclose(rf) ;
  fclose(wf) ;
}
```

实验 14　综合实验（2）

任务　综合实验

【目的与要求】

掌握指针与函数、数组、结构体、文件的综合编程。

【上机内容】

1．程序填空题

下列给定程序中，函数 fun 的功能：先把形参 a 所指数组中的最小值放在元素 a[0]中，接着把 a 所指数组中的最大值放在 a[1]元素中；再把 a 所指数组元素中的次小值放在 a[2]中，把 a 所指数组元素中的次大值放在 a[3]，以此类推。

例如，若 a 所指数组中的数据最初排列为 9、1、4、2、3、6、5、8、7，则按规则移动后，数据排列为 1、9、2、8、3、7、4、6、5。形参 n 中存放 a 所指数组中数据的个数。

规定 fun 函数中的 max 存放当前所找的最大值， px 存放当前所找最大值的下标。

注意：部分源程序在文件 BLANK1.cpp 中。

不得增行或删行，也不得更改程序的结构。

请在程序的下画线处填入正确的内容并把下画线删除，使程序得出正确的结果。

给定源程序：

```
/*BLANK1.cpp*/
# include <stdio.h>
#define   N   9
void fun(int a[], int n)
{ int i,j, max, min, px, pn, t;
  for (i=0; i<n-1; i+=2)
  {
    /**********found**********/
    max = min = ________①________;
    px = pn = i;
    for (j=i+1; j<n; j++) {
      /**********found**********/
      if (max< ________②________ )
        { max = a[j]; px = j; }
    /**********found**********/
    if (min> ________③________ )
      { min = a[j]; pn = j; }
    }
  if (pn != i)
   { t = a[i]; a[i] = min; a[pn] = t;
     if (px == i) px =pn;
   }
```

```
    if (px != i+1)
      { t = a[i+1]; a[i+1] = max; a[px] = t; }
    }
  }
int main ( )
{   int b[N]={ 9,1,4,2,3,6,5,8,7 },i;
    printf ("\nThe original data   :\n");
    for (i=0;i<N;i++)
      printf ("%4d ", b[i]);
    printf ("\n ");
    fun(b,N);
    printf ("\nThe data after moving   :\n");
    for (i=0;i<N;i++)
       printf ("%4d ", b[i]);
    printf ("\n ");
}
```

2．程序修改题

给定程序 MODI1.cpp 中 fun 函数的功能：将字符串中的字符按逆序输出，但不改变字符串中的内容。

例如，若字符串为 abcd，则应输出：dcba。

请改正程序中的错误，使它能得出正确的结果。

注意：不要改动 main 函数，不得增行或删行，也不得更改程序的结构。

```
/* MODI1.cpp*/
#include<stdio.h>
/**********found**********/
fun (char   a)
{   if (*a)
    {   fun(a+1);
/**********found**********/
        printf("%s", a);
    }
}
int main()
{   char s[10]="abcd";
    printf("处理前字符串=%s\n 处理后字符串=", s);
    fun(s); printf("\n");
}
```

3．程序设计题

学生的记录由学号、成绩组成，*N* 名学生的数据已放入主函数中的结构体数组 s 中，请编写函数 fun，其功能：函数返回该学号的学生数据，指定的学号在主函数中输入。若没找到指定学号，在结构体变量中给学号置空串，给成绩置-1，作为函数值返回。（用于字符串比较的函数是 strcmp）。

注意：部分源程序在文件 PROG1.cpp 中。

请勿改动主函数 main 和其他函数中的任何内容，仅在函数 fun 的花括号中填入编写的若干语句。

```
/* PROG1.cpp*/
#include <stdio.h>
#include <string.h>
#define   N   16
typedef struct
{ char num[10];
  int s;
} STREC;
STREC fun( STREC *a, char *b )
{

}
int main()
{ STREC s[N]={{"GA005",85},{"GA003",76},{"GA002",69},{"GA004",85},
{"GA001",91},{"GA007",72},{"GA008",64},{"GA006",87},
{"GA015",85},{"GA013",91},{"GA012",64},{"GA014",91},
{"GA011",77},{"GA017",64},{"GA018",64},{"GA016",72}};
STREC h;
char m[10];
int i;FILE *out ;
printf("The original data:\n");
for(i=0; i<N; i++)
{ if(i%4==0) printf("\n");
  printf("%s %3d ",s[i].num,s[i].s);
}
printf("\n\nEnter the number: ");gets(m);
h=fun( s,m );
printf("The data : ");
printf("\n%s %4d\n",h.num,h.s);
printf("\n");
out = fopen("out.dat","w") ;
h=fun(s,"GA013");
fprintf(out,"%s %4d\n",h.num,h.s);
fclose(out);
}
```

实验 15　综合实验（3）

任务　综合实验

【目的与要求】

掌握指针与函数、数组、结构体、文件的综合编程。

【上机内容】

1．程序填空题

给定程序BLANK1.cpp中，函数fun的功能：从三个形参a、b、c中找出中间的数，并作为函数值返回。

例如，当a=3，b=5，c=4时，中间的数为4。

注意：部分源程序在文件BLANK1.C中。

请勿改动main函数和其他函数中的任何内容，仅在函数fun的下画线上填入所编写的若干表达式或语句。

```
/*BLANK1.cpp*/
#include <stdio.h>
int fun(int a,int b,int c)
{ int t;
/****************************found**************************/
t=(a>b)?(b>c?b:(a>c?c: _______①_______ )):((a>c)? _______②_______ :((b>c)?c: _______③
_______ ));
return t;
}
int main()
{ int a1=3,a2=5,a3=4,r;
  r=fun(a1,a2,a3);
  printf("\nThe middle number is: %d\n ",r);
}
```

2．程序修改题

下列给定程序中，函数fun的功能：将十进制正整数m转换成k(2≤k≤9)进制数，并按位输出。例如，若输入8和2，则应输出1000（十进制数8转换成二进制表示是1000）。

请改正程序中的错误，使它能得出正确的结果。

注意：部分源程序在文件MODI1.cpp中，不要改动main函数，不得增行或删行，也不得更改程序的结构。

```
/* MODI1.cpp*/
#include <stdio.h>
#include <conio.h>
/*************found**************/
void fun(int m, int k);
{ int aa[20], i;
for(i=0;m;i++)
{
/*************found**************/
  aa[i]=m/k;
  m/=k;
}
for(;i;i--)
/*************found**************/
printf("%d",aa[i]);
}
int main()
{ int b,n;
```

```
    printf("\nPlease enter a number and a base:\n");
    scanf("%d%d",&n,&b);
    fun(n,b);
    printf("\n ");
}
```

3．程序设计题

请编写一个函数 void fun(int m,int k,int xx[ ])，该函数的功能：将大于整数 m 且紧靠 m 的 k 个素数存入所指的数组中。

例如，若输入 17, 5，则应输出 19、23、29、31、37。

注意：部分源程序在文件 PROG1.C 中。

请勿改动主函数 main 和其他函数中的任何内容，仅在函数 fun 的花括号中填入编写的若干语句。

```
/* PROG1.cpp*/
#include <conio.h>
#include <stdio.h>
#include <stdlib.h>
void fun(int m,int k,int xx[ ])
{

}
int   main()
{ FILE *wf;
  int m,n,zz[1000];
  system("CLS");
  printf("\nPlease enter two integers: ");
  scanf("%d,%d",&m,&n);
  fun(m, n, zz);
  for(m=0;m<n;m++)
      printf("%d ",zz[m]);
  printf("\n ");
  wf=fopen("out.dat","w");
  fun(17,5,zz);
  for(m=0;m<5;m++)
      fprintf(wf,"%d ",zz[m]);
  fclose(wf);
}
```

第3部分 常用算法

3.1 基本算法

1. 交换

在交换算法中，两个变量相互交换，需要借助第3个变量。

【例3.1】 任意读入两个整数，将二者的值交换后输出。

程序如下：

```
#include "stdio.h"
main( )
{   int a,b,t;
    scanf("%d%d",&a,&b);
    printf("%d, %d\n",a,b);
    t=a;   a=b;   b=t;
    printf("%d,%d\n",a,b);}
```

【解析】程序中加粗部分为算法的核心，如同交换两个杯子里的饮料，必须借助第3个空杯子。

假设输入的值分别为3、7，则第一行输出为3、7；第二行输出为7、3。其中t为中间变量，起到“空杯子”的作用。

注意：3句赋值语句和赋值号左右的各量之间的关系！

【例3.2】 任意写入3个整数，然后按从小到大的顺序输出。

程序如下：

```
#include "stdio.h"
main()
{   int a,b,c,t;
    scanf("%d%d%d",&a,&b,&c);
    /*以下两个if语句使得a中存放的数最小*/
    if(a>b){ t=a; a=b; b=t; }
    if(a>c){ t=a; a=c; c=t; }
    /*以下if语句使得b中存放的数次小*/
    if(b>c) { t=b; b=c; c=t; }
    printf("%d, %d, %d\n",a,b,c);}
```

2. 累加

累加算法的要领是形如“S=S+A”的累加式，此式必须出现在循环中才能被反复执行，从而实现累加功能。“A”通常是有规律变化的表达式，“S”在进入循环前必须获得合适的初值，通常为 0。

【例 3.3】 编程求 1+2+3+…+100 的和。

程序如下：

```
#include "stdio.h"
main()
{   int i,s;
    s=0;       i=1;
    while(i<=100)
    {   s=s+i;          /*累加式*/
        i=i+1;          /*特殊的累加式*/
    }
    printf("1+2+3+...+100=%d\n",s);
}
```

【解析】程序中 while 语句部分为累加式的典型形式，赋值号左右都出现的变量称为累加器，其中“i = i + 1”为特殊的累加式，每次累加的值为 1，这样的累加器又称为计数器。

3. 累乘

累乘算法的要领是形如“s=s*A”的累乘式，此式必须出现在循环中才能被反复执行，从而实现累乘功能。“A”通常是有规律变化的表达式，s 在进入循环前必须获得合适的初值，通常为 1。

【例 3.4】 编程求 10!。

10! =1×2×3×…×10

程序如下：

```
#include "stdio.h"
main()
{   int i, c;
    c=1;   i=1;
    while(i<=10)
    {   c=c*i;          /*累乘式*/
        i=i+1;
    }
    printf("1*2*3*...*10=%d\n",c);
}
```

3.2　非数值计算常用经典算法

1. 穷举

穷举也称“枚举法”，即将可能出现的每一种情况逐一进行测试，判断是否满足条件，一般采用循环来实现。

【例 3.5】 编程用穷举法输出所有的水仙花数。水仙花数是满足如下关系的 3 位正整数：其每个数位上的数字的立方和与该数相等，如：$1^3+5^3+3^3=153$。

[方法一]

```
#include "stdio.h"
main()
{   int x,g,s,b;
    for(x=100;x<=999;x++)
      {g=x%10;   s=x/10%10;   b=x/100;
      if(b*b*b+s*s*s+g*g*g==x)printf("%d\n",x);}
}
```

【解析】此方法是将 100～999 所有的 3 位正整数逐一进行考察，即将每一个 3 位正整数的个位数、十位数、百位数逐一求出，算出三者的立方和，一旦与原数相等就输出。总共考察了 900 个 3 位正整数。

[方法二]

```
#include "stdio.h"
main()
{   int g,s,b;
    for(b=1;b<=9;b++)
     for(s=0;s<=9;s++)
      for(g=0;g<=9;g++)
       if(b*b*b+s*s*s+g*g*g==b*100+s*10+g)   printf("%d\n",b*100+s*10+g);
}
```

【解析】此方法用 1～9 做百位数字、0～9 做十位和个位数字，将组成的 3 位正整数与每一组的 3 个数的立方和进行比较，一旦相等就输出。共考虑了 900 个组合（外循环单独执行的次数为 9，两个内循环单独执行的次数分别为 10 次，故 if 语句被执行的次数为 9×10×10=900），即 900 个 3 位正整数。与方法一判断的次数一样。

2．排序

（1）冒泡排序（起泡排序）。

假设要对含有 n 个数的序列进行升序排列，冒泡排序算法步骤如下：

① 从存放序列的数组中的第一个元素开始到最后一个元素，依次对相邻两数进行比较，若前者大后者小，则交换两数的位置；

② 第①趟结束后，最大数就存放到数组的最后一个元素里了，然后从第一个元素开始到倒数第二个元素，依次对相邻两数进行比较，若前者大后者小，则交换两数的位置；

③ 重复步骤①n–1 趟，每趟比前一趟少比较一次，即可完成所求。

【例 3.6】 任意读取 10 个整数，将其用冒泡法按升序排列后输出。

程序如下：

```
#include "stdio.h"
#define n 10
main()
{   int a[n],i,j,t;
    for(i=0;i<n;i++)   scanf("%d",&a[i]);
    for(j=1;j<=n-1;j++)              /*n 个数处理 n-1 趟*/
    for(i=0;i<=n-1-j;i++)            /*每趟比前一趟少比较一次*/
      if(a[i]>a[i+1]){t=a[i];a[i]=a[i+1];a[i+1]=t;}
```

```
    for(i=0;i<n;i++) printf("%d\n",a[i]);
}
```

（2）选择法排序。

选择法排序是相对好理解的排序算法。假设要对含有 n 个数的序列进行升序排列，算法步骤如下：

① 从数组存放的 n 个数中找出最小数的下标，然后将最小数与第 1 个数交换位置；

② 除第 1 个数以外，再从其余 n–1 个数中找出最小数（n 个数中的次小数）的下标，将此数与第 2 个数交换位置；

③ 重复步骤① n–1 趟，即可完成所求。

【例 3.7】 任意读入 10 个整数，将其用选择法按升序排列后输出。

程序如下：

```
#include "stdio.h"
#define n 10
main( )
{   int a[n],i,j,k,t;
    for(i=0;i<n;i++) scanf("%d",&a[i]);
    for(i=0;i<n-1;i++)              /*处理 n-1 趟*/
    {   k = i;      /*总是假设此趟处理的第 1 个（全部数的第 i 个）数最小，k 记录其下标*/
        for(j=i+1;j<n;j++)
            if(a[j] < a[k])    k = j;
        if(k != i){t = a[i]; a[i] = a[k]; a[k] = t;}
    }
    for(i=0;i<n;i++)printf("%d\n",a[i]);
}
```

（3）插入法排序。

要想很好地掌握此算法，先请了解“有序序列的插入算法”，即将某数据插入到一个有序序列后，该序列仍然有序。

【例 3.8】 将任意读入的整数 x 插入一升序数列后，数列仍按升序排列。

程序如下：

```
#include "stdio.h"
#define n 10
main( )
{   int a[n]={-1,3,6,9,13,22,27,32,49},x,j,k;    /*注意留一个空间给待插数*/
    scanf("%d",&x);
    if(x>a[n-2]) a[n-1]=x ;                   /*比最后一个数还大就往最后一个元素中存放*/
    else    /*查找待插位置*/
    {   j=0;
        while( j<=n-2 && x>a[j]) j++;
        /*从最后一个数开始直到待插位置上的数依次后移一位*/
        for(k=n-2; k>=j; k--)    a[k+1]=a[k];
        a[j]=x; /*插入待插数*/ }
    for(j=0;j<=n-1;j++)    printf("%d    ",a[j]);
}
```

插入法排序的要领就是每读入一个数立即插入到最终存放的数组中，每次插入都使该数组有序。

【例 3.9】 任意读入 10 个整数，将其用插入法按降序排列后输出。

程序如下：

```
#include "stdio.h"
#define n 10
main()
{  int a[n],i,j,k,x;
   scanf("%d",&a[0]);   /*读入第 1 个数，直接存到 a[0]中*/
   for(j=1;j<n;j++)          /*将第 2 至第 10 个数逐一插入数组 a 中*/
   {  scanf("%d",&x);
      if(x<a[j-1]) a[j]=x;   /*比原数列最后一个数还小就在最后一个数之后存放新读的数*/
      else    /*以下查找待插位置*/
      {  i=0;
         while(x<a[i]&&i<=j-1) i++;
         /*以下 for 循环从原最后一个数开始直到待插位置上的数依次后移一位*/
         for(k=j-1;k>=i;k--) a[k+1]=a[k];
         a[i]=x;            /*插入待插数*/
      }
   }
   for(i=0;i<n;i++)   printf("%d\n",a[i]);
}
```

（4）归并排序。

将两个都升序（或降序）排列的数据序列合并成一个仍按原序排列的序列。

【例 3.10】 有一个含有 6 个数据的升序序列和一个含有 4 个数据的升序序列，用程序将二者合并成一个含有 10 个数据的升序序列。

程序如下：

```
#include "stdio.h"
#define m 6
#define n 4
main()
  {  int a[m]={-3,6,19,26,68,100} ,b[n]={8,10,12,22};
     int i,j,k,c[m+n];
     i=j=k=0;
     while(i<m && j<n)          /*将 a、b 数组中较小的数依次存放到 c 数组中*/
     {  if(a[i]<b[j]){c[k]=a[i]; i++;}
        else {c[k]=b[j]; j++;}
        k++; }
     while(i>=m && j<n)         /*若 a 中数据全部存放完毕，可将 b 中余下的数据全部存放到 c 中*/
     {   c[k]=b[j]; k++; j++;}
     while(j>=n && i<m)         /*若 b 中数据全部存放完毕，可将 a 中余下的数据全部存放到 c 中*/
     {   c[k]=a[i]; k++; i++;}
     for(i=0;i<m+n;i++)   printf("%d    ",c[i]);
}
```

3. 查找

（1）顺序查找（线性查找）。

顺序查找的思路：将待查找的量与数组中的每一个元素进行比较，若有一个元素与之相等则找到；若没有一个元素与之相等则找不到。

【例 3.11】 任意读取 10 个数存放到数组 a 中，然后读取一个待查找数值，存放到 x 中，判断 a 中有无与 x 等值的数。

程序如下：

```
#include "stdio.h"
#define N 10
main()
{  int a[N],i,x;
   for(i=0;i<N;i++) scanf("%d",&a[i]);
   /*以下读入待查找数值*/
   scanf("%d",&x);
   for(i=0;i<N;i++) if(a[i]==x)break ; /*一旦找到就跳出循环*/
   if(i<N)   printf("Found!\n");
   else   printf("Not found!\n");
}
```

（2）折半查找（二分法）。

由于顺序查找的效率较低，当数据很多时，用二分法查找可以提高效率。使用二分法查找的前提是数列必须有序。

二分法查找的思路：要查找的关键值同数组的中间一个元素比较，若相同则查找成功，结束；否则判别关键值落在数组的哪部分，就在这部分按上述方法继续比较，直到找到或数组中没有这样的元素值为止。

【例 3.12】 任意读入一个整数 x，在升序数组 a 中查找是否有与 x 等值的元素。

程序如下：

```
#include "stdio.h"
#define n 10
main()
{  int a[n]={2,4,7,9,12,25,36,50,77,90};
   int x,high,low,mid;                    /*x 为关键值*/
   scanf("%d",&x);
   high=n-1;   low=0;   mid=(high+low)/2;
   while(a[mid]!=x&&low<high)
   {  if(x<a[mid]) high=mid-1;            /*修改区间上界*/
      else low=mid+1;                     /*修改区间下界*/
      mid=(high+low)/2; }
   if(x==a[mid]) printf("Found %d, %d\n",x,mid);
   else printf("Not found\n");
}
```

3.3 数值计算常用经典算法

1. 级数计算

级数计算的关键是“描述通项”，通项的描述法有两种：一种为直接法；另一种为间接法，又称递推法。

直接法的算法要点：利用项次直接写出通项式。

递推法的算法要点：利用前一个（或多个）通项写出后一个通项。

用直接法描述通项级数计算的例子：

① 1+2+3+4+5+…

② 1+1/2+1/3+1/4+1/5+…

用间接法描述通项级数计算的例子：

① 1+1/2+2/3+3/5+5/8+8/13+…

② 1+1/2!+1/3!+1/4! +1/5!+…

（1）直接法求通项。

【例3.13】 求1+1/2+1/3+1/4+1/5+…+1/100的和。

程序如下：

```
#include "stdio.h"
main()
{   float s; int i;
    s=0.0;
    for(i=1;i<=100;i++) s=s+1.0/i ;
    printf("1+1/2+1/3+…+1/100=%f\n",s);
}
```

【解析】程序的加粗部分就是利用项次i的倒数直接描述出每一项，并进行累加。

注意：因为i是整数，故分子必须写成1.0的形式。

（2）间接法求通项。

【例3.14】 计算给定式子前20项的和：1+1/2+2/3+3/5+5/8+8/13+…。

【分析】此题后项的分子是前项的分母，后项的分母是前项的分子、分母之和。

程序如下：

```
#include "stdio.h"
main()
{   float s,fz,fm,t,fz1;   int i;
    s=1;                    /*将第①项的值赋给累加器s*/
    fz=1;fm=2;
    t=fz/fm;                /*将待加的第②项存入t中*/
    for(i=2;i<=20;i++)
    {   s=s+t;
        /*求下一项的分子、分母*/
        fz1=fz;             /*将前项分子值保存到fz1中*/
        fz=fm;              /*后项分子等于前项分母*/
```

```
        fm=fz1+fm;    /*后项分母等于前项分子、分母之和*/
        t=fz/fm;}
        printf("1+1/2+2/3+...=%f\n",s);
}
```

【例 3.15】 计算级数 $\sum_{n=0}^{\infty}\frac{n^2+1}{n!}\left(\frac{x}{2}\right)^n$ 的值，当通项的绝对值小于 eps 时计算停止。

本例是一个通项的一部分用直接法描述，另一部分用递推法描述的级数计算的例子。

程序如下：

```
#include "stdio.h"
#include <math.h>
float g(float x,float eps);
main( )
{   float x,eps;
    scanf("%f%f",&x,&eps);
    printf("\n%f, %f\n",x,g(x,eps));
}
float g(float x,float eps)
{   int n=1;float s,t;
    s=1;   t=1;
    do { t=t*x/(2*n);
        s=s+(n*n+1)*t;   /*加波浪线的部分为直接法描述部分，t 为递推法描述部分*/
        n++; }while(fabs(t)>eps);
    return s;
}
```

2．一元非线性方程求根

（1）牛顿迭代法。

牛顿迭代法又称牛顿切线法，如图3.1所示，先任意设定一个与真实的根接近的值 x_0 作为第一次近似根，由 x_0 求出 $f(x_0)$，过 $(x_0, f(x_0))$ 点作 $f(x)$ 的切线，交 x 轴于 x_1，把它作为第二次近似根，再由 x_1 求出 $f(x_1)$，过 $(x_1,f(x_1))$ 点作 $f(x)$ 的切线，交 x 轴于 x_2，……如此下去，直到足够接近（如 $|x-x_0|<1e-6$ 时）真正的根 x^* 为止。

因 $f'(x_0)=f(x_0)/(x_1-x_0)$，所以 $x_1=x_0-f(x_0)/f'(x_0)$。

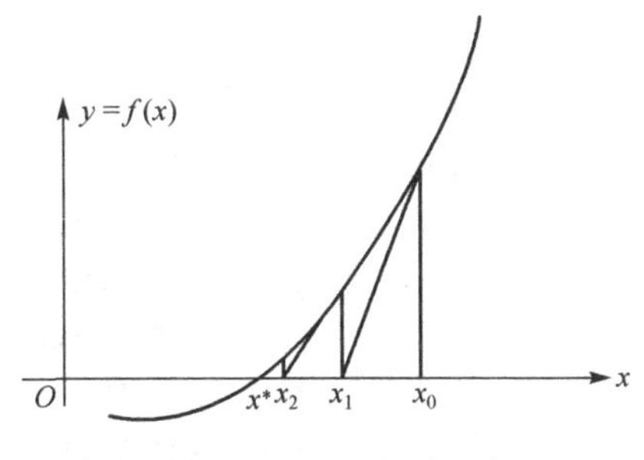

图 3.1　牛顿迭代法示意

【例 3.16】 用牛顿迭代法求方程 $2x^3-4x^2+3x-6=0$ 在 1.5 附近的根。

程序如下：

```
#include "stdio.h"
#include "math.h"
main()
{   float x,x0,f,f1;   x=1.5;
    do{x0=x;
        f=2*x0*x0*x0-4*x0*x0+3*x0-6;
        f1=6*x0*x0-8*x0+3;
```

```
        x=x0-f/f1; }while(fabs(x-x0)>=1e-5);
    printf ("%f\n",x);
}
```

（2）二分法。

二分法的算法要点：先指定一个区间$[x_1, x_2]$，如果函数$f(x)$在此区间是单调变化的，则可以根据$f(x_1)$和$f(x_2)$是否同号来确定方程$f(x)=0$在区间$[x_1, x_2]$内是否有一个实根；如果$f(x_1)$和$f(x_2)$同号，则$f(x)$在区间$[x_1, x_2]$内无实根，要重新改变x_1和x_2的值。当确定$f(x)$在区间$[x_1, x_2]$内有一个实根后，可采取二分法将$[x_1, x_2]$一分为二，再判断在哪一个小区间中有实根。如此不断进行下去，直到小区间足够小为止。

具体算法如下：

① 输入x_1和x_2的值；

② 求$f(x_1)$和$f(x_2)$；

③ 如果$f(x_1)$和$f(x_2)$同号说明在$[x_1, x_2]$内无实根，返回步骤①，重新输入x_1和x_2的值；若$f(x_1)$和$f(x_2)$不同号，则在区间$[x_1, x_2]$内必有一个实根，执行步骤④；

④ 求x_1和x_2的中点$x_0=(x_1+x_2)/2$；

⑤ 求$f(x_0)$；

⑥ 判断$f(x_0)$与$f(x_1)$是否同号：如果同号，则应在$[x_0, x_2]$中寻找根，此时x_1已不起作用，用x_0代替x_1，用$f(x_0)$代替$f(x_1)$；如果不同号，则应在$[x_1, x_0]$中寻找根，此时x_2已不起作用，用x_0代替x_2，用$f(x_0)$代替$f(x_2)$。

⑦ 判断$f(x_0)$的绝对值是否小于某一指定的值（如10^{-5}）。若不小于10^{-5}，则返回步骤④重复执行步骤④、⑤、⑥；否则执行步骤⑧；

⑧ 输出x_0的值，它就是所求出的近似根。

【例3.17】 用二分法求方程$2x^3-4x^2+3x-6=0$在$(-10, 10)$之间的根。

程序如下：

```
#include "stdio.h"
#include "math.h"
main()
{   float x1,x2,x0,fx1,fx2,fx0;
    do  {   printf("Enter x1&x2");
            scanf("%f%f",&x1,&x2);
            fx1=2*x1*x1*x1-4*x1*x1+3*x1-6;
            fx2=2*x2*x2*x2-4*x2*x2+3*x2-6;
        }while(fx1*fx2>0);
    do  {   x0=(x1+x2)/2;
            fx0=2*x0*x0*x0-4*x0*x0+3*x0-6;
            if((fx0*fx1)<0)   {x2=x0;   fx2=fx0; }
            else   {x1=x0;   fx1=fx0; }
    }while(fabs(fx0)>1e-5);
    printf("%f\n",x0);
}
```

3. 梯形法计算定积分

定积分 $\int_a^b f(x)\mathrm{d}x$ 的几何意义是求曲线 $y=f(x)$ 和 $x=a$、$x=b$ 及 x 轴所围成的面积。可以近似地把面积视为若干小的梯形面积之和。例如，把区间 $[a, b]$ 分成 n 个长度相等的小区间，每个小区间的长度为 $h=(b-a)/n$，第 i 个小梯形的面积为 $[f(a+(i-1)\cdot h)+f(a+i\cdot h)]\cdot h/2$，将 n 个小梯形面积加起来就得到定积分的近似值：

$$\int_a^b f(x)\mathrm{d}x \approx \sum_{i=1}^{n}[f(a+(i-1)\bullet h)+f(a+i\bullet h)]\bullet h/2$$

根据以上分析，给出“梯形法”求定积分的结构，如图3.2所示。

上述程序的几何意义比较明显，容易理解。但是其中存在重复计算，每次循环都要计算小梯形的上底和下底。其实，前一个小梯形的下底就是后一个小梯形的上底，完全不必重复计算，小梯形示意如图3.3所示。为此做出如下改进：

$$\int_a^b f(x)\mathrm{d}x \approx h\bullet\left[f(a)/2+f(b)/2+\sum_{i=1}^{n-1}f(a+i\bullet h)\right]$$

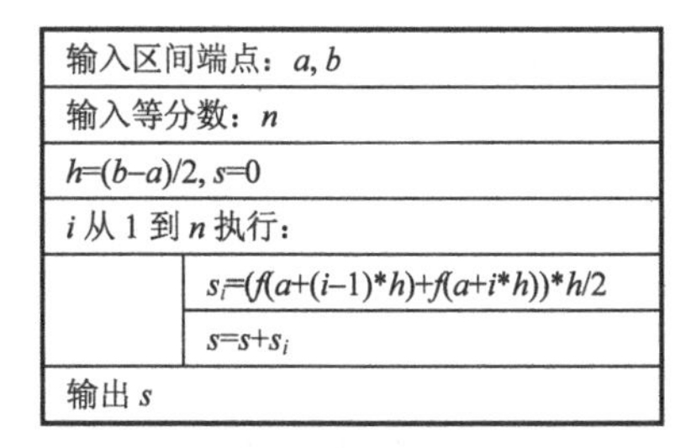

图 3.2　“梯形法”求定积分的结构

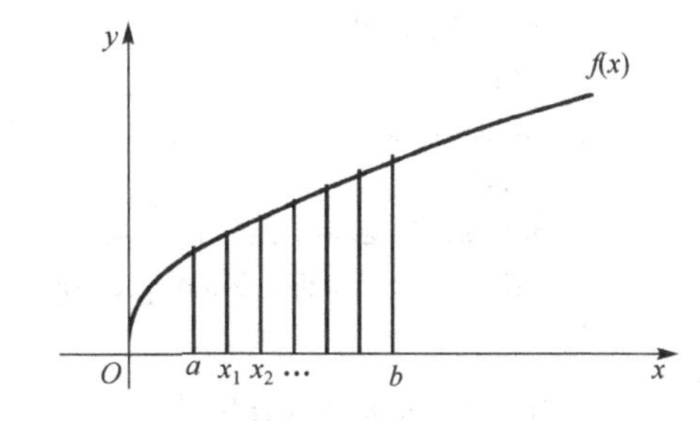

图 3.3　小梯形示意

使用矩形法求定积分则更简单，就是将等分出来的图形当作矩形，而不是梯形。

【例 3.18】 求定积分 $\int_0^4(x^2+3x+2)\mathrm{d}x$ 的值，等分数 $n=1000$。

程序如下：

```
#include "stdio.h"
#include "math.h"
float DJF(float a,float b)
{   float t,h;   int n,i;
    float HSZ(float x);
    n=1000;   h=fabs(a-b)/n;
    t=(HSZ(a)+HSZ(b))/2;
    for(i=1;i<=n-1;i++)   t=t+HSZ(a+i*h);
    t=t*h;
    return(t);
}
float HSZ(float x)
{   return(x*x+3*x+2); }
main( )
```

```
{   float y;
    y=DJF(0,4);
    printf("%f\n",y);
}
```

3.4 其他常见算法

1. 迭代法

迭代法的基本思想是把一个复杂的计算过程转化为简单过程的多次重复。每次重复都从旧值的基础上递推出新值，并由新值代替旧值。

【例3.19】 猴子第一天摘下若干桃子，当即吃了一半，还不过瘾，又多吃了一个。第二天早上又将剩下的桃子吃掉一半，又多吃了一个。以后每天早上都吃了前一天剩下的一半零一个。到第10天早上想再吃时，就只剩一个桃子了。编程求猴子第一天共摘多少桃子。

程序如下：

```
#include "stdio.h"
main( )
{   int day,peach;
    peach=1;
    for(day=9;day>=1;day--)    peach=(peach+1)*2;
    printf("The first day: %d\n",peach);
}
```

又如，用迭代法求 $x=\sqrt{a}$ 的根。求平方根的迭代公式：$x_{n+1}=0.5\times(x_n+a/x_n)$。

迭代法的算法要点：

① 设定一个初值 x_0。

② 用上述公式求出下一个值 x_1。

③ 再将 x_1 代入上述公式，求出下一个值 x_2。

④ 如此继续下去，直到前后两次求出的 x 值（x_{n+1} 和 x_n）满足以下关系：

$$|x_{n+1}-x_n|<10^{-5}$$

程序如下：

```
#include "stdio.h"
#include "math.h"
main( )
{   float a,x0,x1;
    scanf("%f",&a);
    x0=a/2;   x1=(x0+a/x0)/2;
    do{   x0=x1;
          x1=(x0+a/x0)/2;
      }while(fabs(x0-x1)>=1e-5);
    printf("%f\n",x1);
}
```

2．进制转换

（1）十进制数转换为其他进制数。

一个十进制数 m 转换成 r 进制数的思路：将 m 不断除以 r 取余数，直到商为 0 时止，以反序输出余数序列即得到结果。

注意：转换得到的不是数值，而是数字字符串或数字串。

【例 3.20】 任意读取一个十进制数，将其转换成二进制至十六进制中任意进制的字符串。

程序如下：

```
#include "stdio.h"
void tran(int m,int r,char str[],int *n)
{   char sb[]="0123456789ABCDEF";   int i=0,g;
    do{   g=m%r;
          str[i]=sb[g];
          m=m/r;
          i++;
          }while(m!=0);
    *n=i;
}
main()
{   int x,r0;       /*r0 为进制基数*/
    int i,n;        /*n 中存放生成序列的元素个数*/
    char a[50];
    scanf("%d%d",&x,&r0);
    if(x>0&&r0>=2&&r0<=16)
      {   tran(x,r0,a,&n);
          for(i=n-1;i>=0;i--) printf("%c",a[i]);
          printf("\n"); }
    else   exit(0);
}
```

（2）其他进制数转换为十进制数。

其他进制数转换为十进制数的算法要点：按权展开，例如，有二进制数 101011，则其十进制数形式为 $1\times2^5+0\times2^4+1\times2^3+0\times2^2+1\times2^1+1\times2^0=43$。若将 n 位 r 进制数 $a_n...a_2a_1$ 转换成十进制数，则其值为 $a_n\times r^{n-1}+\cdots+a_2\times r^1+a_1\times r^0$。

注意：其他进制数只能以字符串形式输入。

【例 3.21】 任意读取一个二进制数至十六进制数（字符串），转换成十进制数后输出。

程序如下：

```
#include "stdio.h"
#include "string.h"
#include "ctype.h"
main()
{   char x[20];   int r,d;
    gets(x);              /*输入一个 r 进制整数序列*/
    scanf("%d",&r);       /*输入待处理的进制基数 2～16*/
    d=tran(x,r);
    printf("%s=%d\n",x,d);
```

```
}
int Tran(char *p,int r)
{   int d,i,cr;   char fh,c;
    d=0;   fh=*p;
    if(fh=='-')p++;
    for(i=0;i<strlen(p);i++)
     {   c=*(p+i);
         if(toupper(c)>='A')    cr=toupper(c)-'A'+10;
         else   cr=c-'0';
         d=d*r+cr;
     }
     if(fh=='-') d=-d;
     return(d);
}
```

3．矩阵转置

矩阵转置的算法要点：将一个 m 行 n 列矩阵（$m\times n$ 矩阵）的每一行转置成另一个 $n\times m$ 矩阵的相应列。

【例 3.22】 将以下 2×3 矩阵 $\boldsymbol{A}$ 转置后输出其转置矩阵 $\boldsymbol{B}$。

$$\boldsymbol{A}=\begin{bmatrix}1 & 2 & 3\\ 4 & 5 & 6\end{bmatrix}\text{转置成}\ \boldsymbol{B}=\begin{bmatrix}1 & 4\\ 2 & 5\\ 3 & 6\end{bmatrix}$$

程序如下：

```
#include "stdio.h"
main()
{   int a[2][3],b[3][2],i,j,k=1;
    for(i=0;i<2;i++)
      for(j=0;j<3;j++)
         a[i][j]=k++;
    /*以下将 a 的每一行转存到 b 的每一列*/
    for(i=0;i<2;i++)
       for(j=0;j<3;j++)
          b[j][i]=a[i][j];
    for(i=0;i<3;i++)        /*输出矩阵 b*/
       {   for(j=0;j<2;j++)
              printf("%3d",b[i][j]);
        printf("\n"); }
}
```

4．字符处理

（1）字符统计：对字符串中各种字符出现的次数进行统计。

【例 3.23】 任意读取一个只含小写字母的字符串，统计其中每个字母的个数。

程序如下：

```
#include "stdio.h"
main()
{   char a[100]; int n[26]={0}; int i; /*定义 26 个计数器并置初值 0*/
```

```
    gets(a);
    for(i=0;a[i]!= '\0' ;i++)   /*n[0]中存放'a'的个数，n[1] 中存放'b'的个数……*/
      n[a[i]-'a' ]++;   /*各字符的 ASCII 码值减去'a'的 ASCII 码值，正好得到对应计数器的下标*/
    for(i=0;i<26;i++)
      if(n[i]!=0) printf("%c : %d\n ", i+'a', n[i]);
}
```

（2）字符加密。

【例 3.24】 对任意一个只含有字母的字符串，将每一个字母用其后的第 3 个字母替代后输出（字母 X 后的第 3 个字母为 A，字母 Y 后的第 3 个字母为 B，字母 Z 后的第 3 个字母为 C）。

程序如下：

```
#include "stdio.h"
#include "string.h"
main()
{  char a[80]= "China"; int i;
   for(i=0; i<strlen(a); i++)
      if(a[i]>='x'&&a[i]<='z'||a[i]>='X'&&a[i]<='Z')   a[i]= a[i]-26+3;
      else   a[i]= a[i]+3;
   puts(a);
}
```

5. 获取整数各数位上的数字

获取整数各数位上数字的算法要点：利用任何正整数整除 10 的余数即得该数个位上的数字特点，循环从低位到高位依次取出整数的每一数位上的数字。

【例 3.25】 任意读取一个 5 位整数，输出其符号位及从高位到低位上的数字。

程序如下：

```
#include "stdio.h"
main()
{  int x ,w,q,b,s,g;
   scanf("%d",&x);
   if(x<0) {printf("-,"); x=-x;}
   w=x/10000;                /*求万位上的数字*/
   q=x/1000%10;              /*求千位上的数字*/
   b=x/100%10;               /*求百位上的数字*/
   s=x/10%10;                /*求十位上的数字*/
   g=x%10;                   /*求个位上的数字*/
   printf("%d, %d, %d, %d, %d\n",w,q,b,s,g);
}
```

【例 3.26】 任意读取一个整数，依次输出其符号位及从低位到高位上的数字。

【分析】 虽然读取的整数不知道是几位数，但可以用以下示例的方法完成：若读入的整数为 3796，存放在变量 x 中，执行 x 除以 10 后得余数为 6 并输出；先将 x 除以 10 得到的结果 379 赋值给 x，再执行 x 除以 10 后得余数为 9 并输出；将 x 除以 10 得到的结果 37 赋值给 x，依此类推，直到 x 为 0 时终止。

程序如下：

```
#include "stdio.h"
main()
{   int   x;     scanf("%d",&x);
    if(x<0) {   printf("-    "); x=-x;}
    do                          /*为了能正确处理0，要用do…while循环*/
    {   printf("%d    ", x%10);
        x=x/10;
    }while(x!=0);
    printf("\n");
}
```

【例3.27】 任意读取一个整数，依次输出其符号位及从高位到低位上的数字。

【分析】 此题必须借助数组将依次求得的低位到高位的数字保存后，再逆序输出。

程序如下：

```
#include "stdio.h"
main()
{   int x,a[20],i,j;
    scanf("%d",&x);
    if(x<0) {printf("-    "); x=-x;}
    i=0;
    do {   a[i]=x%10;
           x=x/10;   i++;
    }while(x!=0);
    for(j=i-1;j>=0;j--)
        printf("%d    ",a[j]);
    printf("\n");
}
```

6．辗转相除法

辗转相除法的算法要点：假设两个正整数为a和b，先求出前者除以后者的余数，存放到变量r中，若r不为0，则将b的值赋给a，将r的值赋给b；再求出a除以b的余数，仍然存放到变量r中，……如此反复，直到r为0时终止，此时b中存放的即为原来两数的最大公约数。

【例3.28】 任意读取两个正整数，求出它们的最大公约数。

[方法一]：用while循环时，最大公约数存放于b中。

程序如下：

```
#include "stdio.h"
main()
{   int a,b,r;
    do   scanf("%d%d",&a,&b);
    while(a<=0||b<=0);    /*确保a和b为正整数*/
    r=a%b;
    while(r!=0)
     {a=b;b=r;r=a%b;}
    printf("%d\n",b);
```

```
}
```

[方法二]：用 do…while 循环时，最大公约数存放于 a 中。

程序如下：

```
#include "stdio.h"
main()
{   int a,b,r;
    do   scanf("%d%d",&a,&b);
    while(a<=0||b<=0);   /*确保 a 和 b 为正整数*/
    do {r=a%b;a=b;b=r;
       }while(r!=0);
    printf("%d\n",a);
}
```

提示：可以利用最大公约数求最小公倍数。两个正整数 a 和 b 的最小公倍数=a×b/最大公约数。

【例 3.29】 任意读取两个正整数，求出它们的最小公倍数。

[方法一]：利用最大公约数求最小公倍数。

程序如下：

```
#include "stdio.h"
main()
{   int a,b,r,x,y;
    do   scanf("%d%d",&a,&b);
    while(a<=0||b<=0);           /*确保 a 和 b 为正整数*/
    x=a; y=b;                    /*保留 a、b 原来的值*/
    r=a%b;
    while(r!=0) {a=b;b=r;r=a%b;}
    printf("%d\n",x*y/b);
}
```

[方法二]：若其中一个数的最小倍数也是另一个数的倍数，该最小倍数即为所求。

程序如下：

```
#include "stdio.h"
main()
{   int a,b,r,i;
    do   scanf("%d%d",&a,&b);
    while(a<=0||b<=0);   /*确保 a 和 b 为正整数*/
    i=1;
    while(a*i%b!=0) i++;
    printf("%d\n",i*a);
}
```

7. 求最值

求最值就是求若干数据中的最大值（或最小值）。

求最值的算法要点：首先将若干数据存放于数组中，通常假设第一个元素即为最大值（或最小值），赋值给最终存放最大值（或最小值）的 max（或 min）变量中，然后将该量 max（或 min）的值与数组中其余的每一个元素都进行比较，一旦比该量还大（或小），则将此元素的值赋给 max（或 min），依此类推，所有数如此比较完毕，即可求得最大值（或最小值）。

【例 3.30】 任意读取 10 个数，输出其中的最大值与最小值。

程序如下：

```
#include "stdio.h"
#define N 10
main()
{  int a[N],i,max,min;
   for(i=0;i<N;i++) scanf("%d",&a[i]);
   max=min=a[0];
   for(i=1;i<N;i++)
   if(a[i]>max)   max=a[i];
      else   if(a[i]<min) min=a[i];
   printf("max=%d,min=%d\n",max,min);
}
```

8．判断素数

素数又称质数，即只能被 1 和自身整除的大于 1 的自然数。

判断素数的算法要点：依据数学定义，即若该大于 1 的正整数不能被“2 到自身减 1”的数整除，就是素数。

【例 3.31】 任意读取一个正整数，判断其是否为素数。

程序如下：

```
#include "stdio.h"
main()
{  int x,k;
   do   scanf("%d",&x);
   while(x<=1);                /*确保读入大于 1 的正整数*/
   for(k=2;k<=x-1;k++)
      if(x%k==0)break;         /*一旦能被 2 到自身减 1 的数整除，就不可能是素数*/
   if(k==x)   printf("%d is sushu\n",x);
   else   printf("%d is not sushu\n",x);}
```

以上例题可以用以下两种变形的方法解决（需要使用辅助判断的逻辑变量）。

[方法一] 将“2 到自身减 1”的范围缩小至“2 到自身的一半”。

程序如下：

```
#include "stdio.h"
main()
{  int x,k,flag;
   do   scanf("%d",&x);   while(x<=1);
   flag=1;                            /*先假设 x 就是素数*/
   for(k=2;k<=x/2;k++)
      if(x%k==0){flag=0; break;}      /*一旦不可能是素数，即设置 flag 为 0*/
   if(flag==1)   printf("%d is sushu\n",x);
   else   printf("%d is not sushu\n",x); }
```

[方法二] 将“2 到自身减 1”的范围缩小至“2 到自身的平方根”。

程序如下：

```
#include "stdio.h"
#include "math.h"
main()
{  int x,k,flag;
   do   scanf("%d",&x);   while(x<=1);
   flag=1;                           /*先假设 x 就是素数*/
 for(k=2;k<=(int)sqrt(x);k++)
   if(x%k==0){flag=0; break;}   /*一旦不可能是素数，即设置 flag 为 0*/
  if(flag==1)   printf("%d is sushu\n",x);
  else   printf("%d is not sushu\n",x); }
```

【例 3.32】 用筛选法求 100 以内的所有素数。

筛选法的算法要点：① 定义一维数组 a，其初值为 2，3，…，100；

② 若 a[k]不为 0，则将该元素以后的所有 a[k]倍数的数组元素置为 0；

③ a 中不为 0 的元素，均为素数。

程序如下：

```
#include "stdio.h"
#include <math.h>
main()
{  int k,j,a[101];
   for(k=2;k<101;k++)a[k]=k;
   for(k=2;k<sqrt(101);k++)
   for(j=k+1;j<101;j++)
        if(a[k]!=0&&a[j]!=0)
          if(a[j] %a[k]==0)a[j]=0;
   for(k=2;k<101;k++) if(a[k]!=0)printf("%5d",a[k]);
}
```

9. 数组元素的插入、删除

（1）数组元素的插入。

此算法一般是在已经有序的数组中再插入一个数据，使数组中的数列依然有序。

数组元素插入的算法要点：假设待插数据为 x，数组 a 中数据为升序序列。

① 先将 x 与 a 数组当前最后一个元素进行比较，若比最后一个元素还大，就将 x 放入其后一个元素中；否则进行以下步骤；

② 查找到待插位置。从数组 a 的第 1 个元素开始找到不比 x 小的第一个元素，设其下标为 i；

③ 将数组 a 中原最后一个元素至第 i 个元素依次后移一位，让出待插数据的位置，即下标为 i 的位置；

④ 将 x 存放到 a(i)中。

例题可参见例 3.6。

（2）数组元素的删除。

数组元素删除的算法要点：首先要找到（也可能找不到）待删除元素在数组中的位置（下标），然后将待删元素后的每一个元素向前移动一位，最后将数组元素的个数减 1。

【例 3.33】 数组 a 中有若干不同的考试分数，任意读取一个分数，若与数组 a 中某一元素值相等，就将该元素删除。

程序如下：

```
#include "stdio.h"
#define N 6
main()
{   int fs[N]={69,90,85,56,44,80},x;      int i,j,n;
    n=N;
    scanf("%d",&x);    /*任意读入一个分数值*/
    /*查找以下待删分数的位置，即元素下标*/
    for(i=0;i<n;i++)
      if(fs[i]==x)break;
    if(i==n) printf("Not found!\n");
    else                  /*将待删位置之后的所有元素逐一前移*/
      {   for(j=i+1;j<n;j++) fs[j-1]=fs[j];
          n=n-1;          /*元素个数减1*/
      }
    for(i=0;i<n;i++)printf("%d    ",fs[i]);
}
```

10. 二维数组的其他典型问题

（1）方阵的特点。

行列相等的矩阵又称方阵。其两条对角线中“\”方向的为主对角线，“/”方向的为副对角线。主对角线上各元素的下标特点为行列值相等；副对角线上各元素的下标特点为行列值之和都为阶数加1。主对角线及其以下部分（行值大于列值）称为下三角。

【例3.34】 编写程序输出如下5阶方阵 $\boldsymbol{A}$。

$$\boldsymbol{A}=\begin{bmatrix}1&2&2&2&2\\3&1&2&2&2\\3&3&1&2&2\\3&3&3&1&2\\3&3&3&3&1\end{bmatrix}$$

程序如下：

```
#include "stdio.h"
#define N 5
main()
{   int a[N][N],i,j;
    for(i=0;i<N;i++)
      for(j=0;j<N;j++)
        if(i==j) a[i][j]=1;
        else if(i<j) a[i][j]=2;
        else a[i][j]=3;
    for(i=0;i<N;i++)
      {   for(j=0;j<N;j++)
          printf("%3d",a[i][j]);
          printf("\n");
```

```
        }
    }
```

【例 3.35】 编写程序输出如下 5 阶方阵 ***B***。

$$
\boldsymbol{B}=\begin{bmatrix}1&2&3&4&5\\2&3&4&5&6\\3&4&5&6&7\\4&5&6&7&8\\5&6&7&8&9\end{bmatrix}
$$

程序如下：

```
#include "stdio.h"
#define N 5
main()
{   int a[N][N],i,j;
    for(i=0;i<N;i++)
        for(j=0;j<N;j++)
            a[i][j]=i+j+1;      /*沿副对角线平行方向考察每个元素，其值等于行列值之和+1*/
    for(i=0;i<N;i++)
    {   for(j=0;j<N;j++)
            printf("%3d",a[i][j]);
        printf("\n");}
}
```

（2）杨辉三角形。

杨辉三角形的每一行是$(x+y)^n$的展开式各项的系数。例如，第一行是$(x+y)^0$，其系数为 1；第二行是$(x+y)^1$，其系数分别为 1、1；第三行是$(x+y)^2$，其展开式为 $x^2+2xy+y^2$，系数分别为 1、2、1，等等。其直观形式如下：

```
1
1   1
1   2   1
1   3   3   1
1   4   6   4   1
1   5   10  10  5   1
……
```

分析以上形式，可以发现其规律：杨辉三角形是 *n* 阶方阵的下三角，第一列和主对角线均为 1，其余各元素是它的上一行、同一列元素与上一行、前一列元素之和。

【例 3.36】 编程输出杨辉三角形的前 10 行。

程序如下：

```
#include "stdio.h"
#define N 10
main()
{   int a[N][N],i,j;
    for(i=0;i<N;i++) a[i][0]=a[i][i]=1;
```

```
    for(i=2;i<N;i++)
      for(j=1;j<=i-1;j++)
        a[i][j]=a[i-1][j-1]+a[i-1][j];
    for(i=0;i<N;i++)
     {  for(j=0;j<=i;j++)
          printf("%4d",a[i][j]);
        printf("\n");
     }
}
```

【例 3.37】 编程以等腰三角形的形状输出杨辉三角形的前 5 行。

```
            1
         1     1
       1    2    1
    1    3     3    1
 1    4    6     4     1
```

程序如下：

```
#include "stdio.h"
#define N 5
main( )
{   int a[N][N],i,j;
    for(i=0;i<N;i++)
      a[i][0]=a[i][i]=1;
    for(i=0;i<N;i++)
    for(j=1;j<i;j++)
      a[i][j]=a[i-1][j-1]+a[i-1][j];
    for(i=0;i<N;i++)
      {  for(j=N-i;j>=0;j--)printf("   ");    /*输出时每行前导空格递减*/
         for(j=0;j<=i;j++)
           printf("%4d",a[i][j]);
         printf("\n");
      }
}
```

第 4 部分　全国计算机等级考试（NCRE）

4.1　全国计算机等级考试（NCRE）介绍

全国计算机等级考试（National Computer Rank Examination，NCRE），是经原国家教育委员会（现教育部）批准，由教育部考试中心主办，面向社会，用于考查应试人员计算机应用知识与技能的全国性计算机水平考试体系，全国计算机等级考试网址是 http://ncre.neea.edu.cn。NCRE 的级别及对应的科目设置如表 4.1 所示。

表 4.1　NCRE 级别/科目设置表（2018 版）

级　别	科 目 名 称	科 目 代 码	考 试 时 间	考 试 方 式
一级	计算机基础及 WPS Office 应用	14	90 分钟	无纸化
	计算机基础及 MS Office 应用	15	90 分钟	无纸化
	计算机基础及 Photoshop 应用	16	90 分钟	无纸化
二级	C 语言程序设计	24	120 分钟	无纸化
	VB 语言程序设计	26	120 分钟	无纸化
	Java 语言程序设计	28	120 分钟	无纸化
	Access 数据库程序设计	29	120 分钟	无纸化
	C++语言程序设计	61	120 分钟	无纸化
	MySQL 数据库程序设计	63	120 分钟	无纸化
	Web 程序设计	64	120 分钟	无纸化
	MS Office 高级应用	65	120 分钟	无纸化
	Python 语言程序设计	66	120 分钟	无纸化
三级	网络技术	35	120 分钟	无纸化
	数据库技术	36	120 分钟	无纸化
	信息安全技术	38	120 分钟	无纸化
	嵌入式系统开发技术	39	120 分钟	无纸化
四级	网络工程师	41	90 分钟	无纸化
	数据库工程师	42	90 分钟	无纸化
	信息安全工程师	44	90 分钟	无纸化
	嵌入式系统开发工程师	45	90 分钟	无纸化

一级：操作技能级。考核计算机基础知识及计算机基本操作能力，包括 Office 办公软件、图形图像软件、网络安全素质教育。

二级：程序设计/办公软件高级应用级。考核内容包括计算机语言与基础程序设计能力，要求参试者掌握一门计算机语言，可选类别有高级语言程序设计类、数据库程序设计类等；办公软件高级应用能力，要求参试者具有计算机应用知识及 MS Office 办公软件的高级应用能力，能够在实际办公环境中具体应用。

三级：工程师预备级。考核面向应用、职业的岗位专业技能。

四级：工程师级。考核面向已持有三级相关证书的考生，考核计算机专业课程，是面向应用、职业的工程师岗位证书。

报名者不受年龄、职业、学历等限制，均可根据自己的学习情况和实际能力选考相应的级别和科目。考生可按照省级承办机构公布的流程在网上或考点进行报名。

每次考试具体报名时间由各省级承办机构规定，可登录各省级承办机构网站查询。

NCRE考试实行百分制计分，但以等级形式通知考生成绩。成绩等级分为“优秀”“良好”“及格”“不及格”四等。100～90分为“优秀”，89～80分为“良好”，79～60分为“及格”，59～0分为“不及格”。

考试成绩优秀者，在证书上注明“优秀”字样；考试成绩良好者，在证书上注明“良好”字样；考试成绩及格者，在证书上注明“合格”字样。

自1994年开考以来，NCRE适应了市场经济发展的需要，考试持续发展，考生人数逐年递增，至2017年年底，累计考生人数超过7600万，累计获证人数近2900万。

4.2 全国计算机等级考试二级C语言考试大纲

- **全国计算机等级考试二级公共基础知识考试大纲（2018年版）**

一、基本要求

1. 掌握算法的基本概念。
2. 掌握基本数据结构及其操作。
3. 掌握基本排序和查找算法。
4. 掌握逐步求精的结构化程序设计方法。
5. 掌握软件工程的基本方法，具有初步应用相关技术进行软件开发的能力。
6. 掌握数据库的基本知识，了解关系数据库的设计。

二、考试内容（不单独考试，作为其他二级科目的一部分：公共基础知识共10分，为单选题）

（一）基本数据结构与算法

1. 算法的基本概念；算法复杂度的概念和意义（时间复杂度与空间复杂度）。
2. 数据结构的定义；数据的逻辑结构与存储结构；数据结构的图形表示；线性结构与非线性结构的概念。
3. 线性表的定义；线性表的顺序存储结构及其插入与删除运算。
4. 栈和队列的定义；栈和队列的顺序存储结构及其基本运算。
5. 线性单链表、双向链表与循环链表的结构及其基本运算。
6. 树的基本概念；二叉树的定义及其存储结构；二叉树的前序、中序和后序遍历。
7. 顺序查找与二分法查找算法；基本排序算法（交换类排序、选择类排序、插入类排序）。

（二）程序设计基础

1. 程序设计方法与风格。
2. 结构化程序设计。
3. 面向对象的程序设计方法、对象、方法、属性及继承与多态性。

（三）软件工程基础

1．软件工程基本概念，软件生命周期概念，软件工具与软件开发环境。

2．结构化分析方法：数据流图、数据字典、软件需求规格说明书。

3．结构化设计方法：总体设计与详细设计。

4．软件测试的方法：白盒测试与黑盒测试、测试用例设计、软件测试的实施、单元测试、集成测试和系统测试。

5．程序的调试：静态调试与动态调试。

（四）数据库设计基础

1．数据库的基本概念：数据库、数据库管理系统、数据库系统。

2．数据模型：实体联系模型及 E-R 图、从 E-R 图导出关系数据模型。

3．关系代数运算：集合运算及选择、投影、连接运算，数据库规范化理论。

4．数据库设计方法和步骤：需求分析、概念设计、逻辑设计和物理设计的相关策略。

三、考试方式

1．公共基础知识不单独考试，与其他二级科目组合在一起，作为二级科目考核内容的一部分。

2．考试方式为上机考试，10 道单选题，共 10 分。

- **全国计算机等级考试二级 C 语言程序设计考试大纲（2018 年版）**

一、基本要求

1．熟悉 Visual C++集成开发环境。

2．掌握结构化程序设计的方法，具有良好的程序设计风格。

3．掌握程序设计中简单的数据结构和算法并能阅读简单的程序。

4．在 Visual C++集成环境下，能够编写简单的 C 语言程序，并具有基本的纠错和调试程序的能力。

二、考试内容（公共基础知识 10 分单选题+ C 语言 30 分单选题+ C 语言 60 分操作题）

（一）C 语言程序的结构

1．程序的构成。main 函数和其他函数。

2．头文件、数据说明、函数的开始和结束标志及程序中的注释。

3．源程序的书写格式。

4．C 语言的风格。

（二）数据类型及其运算

1．C 语言的数据类型（基本类型、构造类型、指针类型、无值类型）及其定义方法。

2．C 语言运算符的种类、运算优先级和结合性。

3．不同类型数据间的转换与运算。

4．C 语言表达式类型（赋值表达式、算术表达式、关系表达式、逻辑表达式、条件表达式、逗号表达式）和求值规则。

（三）基本语句

1．表达式语句、空语句、复合语句。

2．输入/输出函数的调用。正确输入数据并正确设计输出格式。

（四）选择结构程序设计

1．用if语句实现选择结构。

2．用switch语句实现多分支选择结构。

3．选择结构的嵌套。

（五）循环结构程序设计

1．for循环结构。

2．while和do…while循环结构。

3．continue语句和break语句。

4．循环的嵌套。

（六）数组的定义和引用

1．一维数组和二维数组的定义、初始化和数组元素的引用。

2．字符串与字符数组。

（七）函数

1．库函数的正确调用。

2．函数的定义方法。

3．函数的类型和返回值。

4．形式参数与实在参数、参数值的传递。

5．函数的正确调用、嵌套调用、递归调用。

6．局部变量和全局变量。

7．变量的存储类别（自动、静态、寄存器、外部）、变量的作用域和生存期。

（八）编译预处理

1．宏定义和调用（不带参数的宏、带参数的宏）。

2．文件包含预处理。

（九）指针

1．地址与指针变量的概念，地址运算符与间址运算符。

2．一维、二维数组和字符串的地址，以及指向变量、数组、字符串、函数、结构体的指针变量的定义。通过指针引用以上各类型数据。

3．用指针做函数参数。

4．返回地址值的函数。

5．指针数组、指向指针的指针。

（十）结构体（结构）与共用体（联合）

1．用typedef说明一个新类型。

2．结构体和共用体类型数据的定义和成员的引用。

3．通过结构体构成链表，单向链表的建立，结点数据的输出、删除与插入。

（十一）位运算

1．位运算符的含义和使用。

2．简单的位运算。

（十二）文件操作

只要求缓冲文件系统（高级磁盘I/O系统），对非标准缓冲文件系统（低级磁盘I/O系统）

不要求。

1．文件类型指针（file 类型指针）。

2．文件的打开与关闭（fopen, fclose）。

3．文件的读/写（fputc, fgetc, fputs, fgets, fread, fwrite, fprintf, fscanf 函数的应用），文件的定位（rewind, fseek 函数的应用）。

三、考试方式

上机考试，考试时长为 120 分钟，满分为 100 分。

四、题型及分值

单选题为 40 分（含公共基础知识部分 10 分）、操作题为 60 分（包括填空题、改错题及编程题）。

五、考试环境

操作系统：中文版 Windows 7

Microsoft Visual C++ 2010 学习版。

4.3　全国计算机等级考试二级 C 语言模拟试卷及答案

模拟试卷 1

二级公共基础知识和 C 语言程序设计

（考试时间为 120 分钟，满分为 100 分）

一、选择题（每题 1 分，共 40 分）

下列各题 A、B、C、D 四个选项中，只有一个选项是正确的。请将正确选项填涂在答题卡的相应位置上，答在试卷上不得分。

1．下列链表中，其逻辑结构属于非线性结构的是（　　）。

A．双向链表　　B．带链的栈　　C．二叉链表　　D．循环链表

2．设循环队列的存储空间为 Q(1:35)，初始状态为 front=rear=35。现经过一系列入队与退队运算后，front=15、rear=15，则循环队列中的元素个数为（　　）。

A．20　　B．0 或 35　　C．15　　D．16

3．下列关于栈的叙述中，正确是的（　　）。

A．栈底元素一定是最后入栈的元素　　B．栈操作遵循先进后出的原则

C．栈顶元素一定是最先入栈的元素　　D．以上三种说法都不对

4．在关系数据库中，用来表示实体间联系的是（　　）。

A．网状结构　　B．树状结构　　C．属性　　D．二维表

5．公司中有多个部门和多名职员，每个职员只能属于一个部门，一个部门可以有多名职员，则实体部门和职员间的联系是（　　）。

A．$1:m$　　B．$m:n$　　C．$1:1$　　D．$m:1$

6．有两个关系 R 和 S 如下：

R

A	B	C
a	1	2
b	2	1
c	3	1

S

A	B	C
c	3	1

则由关系 R 得到关系 S 的操作是（　　）。

A．自然连接　　B．并　　C．选择　　D．投影

7．数据字典（DD）所定义的对象都包含于（　　）。

A．软件结构图　　B．方框图

C．数据流图（DFD 图）　　D．程序流程图

8．软件需求规格说明书的作用不包括（　　）。

A．软件设计的依据

B．软件可行性研究的依据

C．软件验收的依据

D．用户与开发人员对软件功能的共同理解

9．下面属于黑盒测试方法的是（　　）。

A．边界值分析　　B．路径覆盖　　C．语句覆盖　　D．逻辑覆盖

10．下面不属于软件设计阶段任务的是（　　）。

A．编制软件确认测试计划　　B．数据库设计

C．软件总体设计　　D．算法设计

11．以下叙述中正确的是（　　）。

A．在 C 语言程序中，main 函数必须放在其他函数的最前面

B．每个后缀为.C 的 C 语言源程序都可以单独进行编译

C．在 C 语言程序中，只有 main 函数才可单独进行编译

D．每个后缀为.C 的 C 语言源程序都应该包含一个 main 函数

12．C 语言中的标识符分为关键字、预定义标识符和用户标识符，以下叙述中正确的是（　　）。

A．预定义标识符（如库函数中的函数名）可以做用户标识符，但失去其原有含义

B．用户标识符可以由字母和数字按任意顺序组成

C．在标识符中大写字母和小写字母被认为是相同的字符

D．关键字可做用户标识符，但失去其原有含义

13．以下选项中表示一个合法常量的是（　　）（符号□表示空格）。

A．9□9□9　　B．0Xab　　C．123E0.2　　D．2.7e

14．C 语言主要是借助（　　）功能来实现程序模块化的。

A．定义函数　　B．定义常量和外部变量

C．三种基本结构语句　　D．丰富的数据类型

15．以下叙述中错误的是（　　）。

A．非零的数值型常量有正值和负值的区别

B．常量是在程序运行过程中值不能被改变的量

C．定义符号常量必须用类型名来设定常量的类型

D．用符号名表示的常量称为符号常量

16．若有定义和语句：int a, b; scanf("%d,%d",&a,&b);，以下选项中的输入数据，不能把值 3 赋给变量 a、5 赋给变量 b 的是（　　）。

A．3,5,　　B．3,5,4　　C．3　,5　　D．3,5

17．C 语言中 char 类型数据占字节数为（　　）。

A．3　　B．4　　C．1　　D．2

18．下列关系表达式中，结果为“假”的是（　　）。

A．(3+4)>6　　B．(3!=4)>2　　C．3<=4||3　　D．(3<4)==1

19．若以下选项中的变量全部为整型变量，且已正确定义并赋值，则语法正确的 switch 语句是（　　）。

A．
```
switch(a+9)
{ case  c1: y=a-b;
  case  c2: y=a+b;
}
```

B．
```
switch  a*b
{ case 10: x=a+b;
  default : y=a-b;
}
```

C．
```
switch(a+b)
{ case1: case3: y=a+b; break;
  case0: case4: y=a-b;
}
```

D．
```
switch(a*a+b*b)
{ default: break;
  case 3: y=a+b; break;
  case 2: y=a-b; break;  }
```

20．有以下程序：

```
#include<stdio.h>
main( )
{ int  a=-2, b=0;
  while(a++&&++b);
  printf("%d,%d\n", a,b);
}
```

程序运行后的输出结果是（　　）。

A．1,3　　B．0,2　　C．0,3　　D．1,2

21．设有定义：int x=0, *p; ，立刻执行以下语句，正确的语句是（　　）。

A．p=x;　　B．*p=x;　　C．p=NULL;　　D．*p=NULL;

22．下列叙述中正确的是（　　）。

A．可以用关系运算符比较字符串的大小　B．空字符串不占内存，其内存空间大小是 0

C．两个连续的单引号是合法的字符常量　D．两个连续的双引号是合法的字符串常量

23．有以下程序：

```
#include<stdio.h>
main( )
{ char  a='H';
  a=(a>='A'&&a<='Z')?(a-'A'+'a'):a;
  printf("%c\n",a);
}
```

程序运行后的输出结果是（　　）。

A．A　　B．a　　C．H　　D．h

24．有以下程序：

```
#include<stdio.h>
int f(int x);
main( )
{   int a,b=0;
    for(a=0; a<3; a++)
    {   b=b+f(a); putchar('A'+b);   }
}
int f(int x)
{ return x*x+1; }
```

程序运行后的输出结果是（　　）。

A．ABE　　B．BDI　　C．BCF　　D．BCD

25．设有定义：int x[2][3];，则以下关于二维数组x的叙述错误的是（　　）。

A．x[0]可看作由3个整型元素组成的一维数组

B．x[0]和x[1]是数组名，分别代表不同的地址常量

C．数组x包含6个元素

D．可以用语句x[0]=0;为数组所有元素赋初值0

26．设变量p是指针变量，语句p=NULL; 是给指针变量赋NULL值，它等价于（　　）。

A．p="";　　B．p='0';　　C．p=0;　　D．p='';

27．有以下程序：

```
#include<stdio.h>
main( )
{   int a[]={10,20,30,40}, *p=a, i;
    for(i=0; i<=3; i++) { a[i]=*p; p++; }
    printf("%d\n",a[2]);
}
```

程序运行后的输出结果是（　　）。

A．30　　B．40　　C．10　　D．20

28．有以下程序：

```
#include<stdio.h>
#define N 3
void fun(int a[][N], int b[])
{   int i, j;
    for(i=0; i<N; i++)
    {   b[i]=a[i][0];
        for(j=1; j<N; j++)
            if(b[i]<a[i][j]) b[i]=a[i][j];
    }
}
main( )
{   int   x[N][N]={1,2,3,4,5,6,7,8,9}, y[N],i;
    fun(x,y);
```

```
    for(i=0; i<N; i++) printf("%d,",y[i]);
    printf("\n");
}
```

程序运行后的输出结果是（　　）。

A．2,4,8,　　B．3,6,9,　　C．3,5,7,　　D．1,3,5,

29．有以下程序（strcpy 为字符串复制函数，strcat 为字符串连接函数）：

```
#include<stdio.h>
#include<string.h>
main( )
{   char a[10]= "abc", b[10]= "012", c[10]= "xyz";
    strcpy(a+1, b+2);
    puts(strcat(a, c+1));
}
```

程序运行后的输出结果是（　　）。

A．a12xyz　　B．12yz　　C．a2yz　　D．bc2yz

30．在以下选项中，合法的是（　　）。

A．char str3[]={'d', 'e', 'b', 'u', 'g', '\0'};　　B．char str4; str4="hello world";

C．char name[10]; name="china";　　D．char str1[5]="pass", str2[6]; str2=str1;

31．有以下程序：

```
#include<stdio.h>
main( )
{   char *s="12134"; int k=0,a=0;
    while(s[k+1]!='\0')
    {   k++;
        if(k%2==0) { a=a+(s[k]-'0'+1); continue; }
        a=a+(s[k]-'0');
    }
    printf("k=%d a=%d\n",k,a);
}
```

程序运行后的输出结果是（　　）。

A．k=6 a=11　　B．k=3 a=14　　C．k=4 a=12　　D．k=5 a=15

32．有以下程序：

```
#include<stdio.h>
main( )
{   char a[5][10]={ "one","two","three","four","five" };
    int i, j;
    char t;
    for(i=0 ; i<4 ; i++)
        for(j=i+1 ; j<5; j++)
        if(a[i][0]>a[j][0])
        { t= a[i][0]; a[i][0]=a[j][0]; a[j][0]=t; }
    puts(a[1]);
}
```

程序运行后的输出结果是（   ）。

A．fwo　　B．fix　　C．two　　D．owo

33．有以下程序：

```
#include<stdio.h>
int a=1, b=2;
void    fun1(int a, int b)
{   printf("%d %d ",a,b);
}
void fun2()
{   a=3; b=4; }
main( )
{   fun1(5,6); fun2();
    printf("%d %d\n",a,b);
}
```

程序运行后的输出结果是（   ）。

A．1 2 5 6　　B．5 6 3 4　　C．5 6 1 2　　D．3 4 5 6

34．有以下程序：

```
#include<stdio.h>
void    func(int    n)
{   static int    num=1;
    num=num+n;    printf("%d ",num);
}
main( )
{     func(3);      func(4);     printf("\n");     }
```

程序运行后的输出结果是（   ）。

A．4 8　　B．3 4　　C．3 5　　D．4 5

35．有以下程序：

```
#include<stdio.h>
#include<stdlib.h>
void fun(int *p1, int *p2, int *s)
{   s=(int *)malloc(sizeof(int));
    *s=*p1+*p2;
    free(s);
}
main( )
{   int a=1, b=40, *q=&a;
    fun(&a, &b,q);
    printf("%d\n", *q);
}
```

程序运行后的输出结果是（   ）。

A．42　　B．0　　C．1　　D．41

36．有以下程序：

```
#include<stdio.h>
```

```
struct STU{   char name[9]; char sex; int score[2]; };
void   f( struct STU a[] )
{  struct STU b={"Zhao", 'm', 85,90};
   a[1]=b;
}
main( )
{  struct   STU   c[2]={ {"Qian", 'f', 95, 92},{"Sun", 'm', 98,99}};
   f(c);
   printf("%s,%c,%d,%d,",c[0].name, c[0].sex, c[0].score[0], c[0].score[1]);
   printf("%s,%c,%d,%d,",c[1].name, c[1].sex, c[1].score[0], c[1].score[1]);
}
```

程序运行后的输出结果是（　　）。

A．Zhao,m,85,90,Sun,m,98,99　　B．Zhao,m,85,90,Qian,f,95,92

C．Qian,f,95,92,Sun,m,98,99　　D．Qian,f,95,92,Zhao,m,85,90

37．以下叙述中错误的是（　　）。

A．可以用 typedef 说明的新类型名来定义变量

B．typedef 说明的新类型名必须使用大写字母，否则会出现编译错误

C．用 typedef 可以为基本数据类型说明一个新名称

D．用 typedef 说明新类型的作用是用一个新的标识符来代表已存在的类型名

38．以下叙述中错误的是（　　）。

A．函数的返回值类型不能是结构体类型，只能是简单类型

B．函数可以返回指向结构体变量的指针

C．可以通过指向结构体变量的指针访问所指结构体变量的任何成员

D．只要类型相同，结构体变量之间可以整体赋值

39．若有定义语句 int b=2，则表达式(b<<2)/(3||b)的值是（　　）。

A．4　　B．8　　C．0　　D．2

40．有以下程序：

```
#include<stdio.h>
main()
{  FILE *fp;
   int i, a[6]={1, 2, 3, 4, 5, 6};
   fp=fopen("d2.dat","w+");
   for(i=0; i<6; i++) fprintf(fp, "%d\n", a[i]);
   rewind(fp);
   for(i=0; i<6; i++) fscanf(fp,"%d", &a[5-i]);
   fclose(fp);
   for(i=0; i<6; i++) printf("%d,", a[i]);
}
```

程序运行后的输出结果是（　　）。

A．4,5,6,1,2,3,　　B．1,2,3,3,2,1,　　C．1,2,3,4,5,6,　　D．6,5,4,3,2,1,

二、程序填空题（18 分）

在给定程序中，函数 fun 的功能：在形参 ss 所指字符串数组中，将所有串长超过 k 的字符串右边的字符删除，只保留左边的 k 个字符。ss 所指字符串数组中共有 N 个字符串，且串长小

于M。

请在程序的下画线处填入正确的内容并把下画线删除，使程序得出正确的结果。

注意：源程序存放在考生文件夹下的 BLANK1.C 中。不得增行或删行，也不得更改程序的结构。

```
#include<stdio.h>
#include<string.h>
#define N 5
#define M 10
/**********found**********/
void fun(char (*ss) __1__, int k)
{ int i=0   ;
/**********found**********/
   while(i< __2__) {
/**********found**********/
      ss[i][k]=__3__; i++;}
}
main()
{ char x[N][M]={"Create","Modify","Sort","skip", "Delete"};
   int i;
   printf("\nThe original string\n\n");
   for(i=0;i<N;i++)puts(x[i]); printf("\n");
   fun(x,4);
   printf("\nThe string after deleted :\n\n");
   for(i=0; i<N; i++) puts(x[i]); printf("\n");
}
```

三、程序修改题（18分）

给定程序 MODI1.C 中函数 fun 的功能：根据以下公式求π值，并作为函数值返回。例如，给指定精度的变量 eps 输入 0.0005 时，应当输出 Pi=3.140578。

$$\frac{\pi}{2}=1+\frac{1}{3}+\frac{1}{3}\times\frac{2}{5}+\frac{1}{3}\times\frac{2}{5}\times\frac{3}{7}+\frac{1}{3}\times\frac{2}{5}\times\frac{3}{7}\times\frac{4}{9}+\cdots$$

请改正程序中的错误，使它能得出正确的结果。

注意：不要改动 main 函数，不得增行或删行，也不得更改程序的结构。

```
#include<math.h>
#include<stdio.h>
double fun(double eps)
{   double s,t; int n=1;
    s=0.0;
/************found************/
    t=0;
    while(t>eps)
    {   s+=t;
        t=t * n/(2*n+1);
        n++;
    }
```

```
/************found************/
    return(s);
}
main()
{   double x;
    printf("\nPlease enter a precision: "); scanf("%lf",&x);
    printf("\neps=%lf, Pi=%lf\n\n",x,fun(x));
}
```

四、程序设计题（24 分）

假定输入的字符串中只包含字母和*号。请编写函数 fun，它的功能：将字符串的前导*号不得多于 n 个；若多于 n 个，则删除多余的*号；若少于或等于 n 个，则什么也不做，字符串中间和尾部的*号不删除。

例如，字符串中的内容为：*******A*BC*DEF*G****，若 n 的值为 4，删除后，字符串中的内容应当是****A*BC*DEF*G****；若 n 的值为 8，则字符串中的内容仍为*******A*BC*DEF*G****。n 的值在主函数中输入。在编写函数时，不得使用 C 语言提供的字符串函数。

注意：部分源程序在文件 PROG1.C 中。请勿改动主函数 main 和其他函数中的任何内容，仅在函数 fun 的花括号中填入你编写的若干语句。

```
#include<stdio.h>
void fun(char *a, int n)
{


}
main()
{   char s[81]; int n;void NONO ();
    printf("Enter a string:\n");gets(s);
    printf("Enter n : ");scanf("%d",&n);
    fun(s,n);
    printf("The string after deleted:\n");puts(s);
    NONO();
}
void NONO ()
{/* 本函数用于打开文件、输入数据、调用函数、输出数据、关闭文件。 */
  FILE *in, *out ;
  int i, n ; char s[81] ;
  in = fopen("in.dat","r");
  out = fopen("out.dat","w");
  for(i = 0 ; i < 10 ; i++) {
    fscanf(in, "%s", s);
    fscanf(in, "%d", &n);
    fun(s,n);
    fprintf(out, "%s\n", s);
  }
  fclose(in);
  fclose(out);
}
```

模拟试卷2

二级公共基础知识和C语言程序设计

（考试时间为120分钟，满分为100分）

一、选择题（每题1分，共40分）

下列各题A、B、C、D四个选项中，只有一个选项是正确的。请将正确选项填涂在答题卡的相应位置上，答在试卷上不得分。

1．下列叙述中正确的是（　）。

A．循环队列是队列的一种链式存储结构　B．循环队列是队列的一种顺序存储结构

C．循环队列是非线性结构　D．循环队列是一种逻辑结构

2．下列叙述中正确的是（　）。

A．栈是一种先进先出的线性表　B．队列是一种后进先出的线性表

C．栈与队列都是非线性结构　D．以上三种说法都不对

3．一棵二叉树共有25个结点，其中5个是叶子结点，则度为1的结点数为（　）。

A．16　B．10　C．6　D．4

4．在下列模式中，能够给出数据库物理存储结构与物理存取方法的是（　）。

A．外模式　B．内模式　C．概念模式　D．逻辑模式

5．在满足实体完整性约束的条件下（　）。

A．一个关系中应该有一个或多个候选关键字

B．一个关系中只能有一个候选关键字

C．一个关系中必须有多个候选关键字

D．一个关系中可以没有候选关键字

6．有如下三个关系R、S和T：

R

A	B	C
a	1	2
b	2	1
c	3	1

S

A	B	C
a	1	2
d	2	1

T

A	B	C
b	2	1
c	3	1

则由关系R和S得到关系T的操作是（　）。

A．自然连接　B．并　C．交　D．差

7．软件生命周期的活动中不包括（　）。

A．市场调研　B．需求分析　C．软件测试　D．软件维护

8．下面不属于需求分析阶段的任务是（　）。

A．确定软件系统的功能需求　B．确定软件系统的性能需求

C．需求规格说明书评审　D．指定软件集成测试计划

9．在黑盒测试方法中，设计测试用例的主要根据是（　）。

A．程序内部逻辑　B．程序外部功能　C．程序数据结构　D．程序流程图

10．在软件设计中不使用的工具是（　）。

A．系统结构图　　B．PAD 图
C．数据流图（DFD 图）　　D．程序流程图

11．针对简单程序设计，以下叙述的实施步骤顺序正确的是（　　）。
A．编码、确定算法和数据结构、调试、整理文档
B．确定算法和数据结构、编码、调试、整理文档
C．整理文档、确定算法和数据结构、编码、调试
D．确定算法和数据结构、调试、编码、整理文档

12．关于 C 语言中数的表示，以下叙述中正确的是（　　）。
A．只要在允许范围内整型数和实型数都能精确表示
B．只有整型数在允许范围内能精确表示，实型数才会有误差
C．只有实型数在允许范围内能精确表示，整型数才会有误差
D．只有用八进制表示的数才不会有误差

13．以下关于算法的叙述中错误的是（　　）。
A．算法可以用伪代码、流程图等多种形式来描述
B．用流程图描述的算法可以用任何一种计算机高级语言编写成程序代码
C．一个正确的算法必须有输入
D．一个正确的算法必须有输出

14．以下叙述中错误的是（　　）。
A．一个 C 语言程序中可以包含多个不同名的函数
B．一个 C 语言程序只能有一个主函数
C．C 语言程序中主函数必须用 main 作为函数名
D．C 语言程序在书写时，应有严格的缩进要求，否则不能编译通过

15．设有以下语句：

```
char ch1,ch2; scanf("%c%c",&ch1,&ch2);
```

若要为变量 ch1 和 ch2 分别输入字符 A 和 B，正确的输入形式应该是（　　）。
A．A 和 B 之间不能有任何间隔符　　B．A 和 B 之间用空格间隔
C．A 和 B 之间可以用回车间隔　　D．A 和 B 之间用逗号间隔

16．以下选项中非法的字符常量是（　　）。
A．'\019"　　B．'\65'　　C．'\xff'　　D．'\101'

17．有以下程序：

```
#include<stdio.h>
main( )
{   int a=0, b=0, c=0;
    c=(a-=a-5); (a=b,b+=4);
    printf("%d,%d,%d\n",a,b,c);
}
```

程序运行后的输出结果是（　　）。
A．4,4,5　　B．4,4,4　　C．0,4,5　　D．0,0,0

18．设变量均已正确定义并赋值，以下与其他三组输出结果不同的一组语句是（　　）。
A．x++; printf("%d\n",x);　　B．++x; printf("%d\n",x);

C．n=x++; printf("%d\n",n);　　　　D．n=++x; printf("%d\n",n);

19．在以下选项中，能表示逻辑值“假”的是（　　）。

A．1　　　　B．0.000001　　　　C．100.0　　　　D．0

20．有以下程序：

```
#include<stdio.h>
main( )
{   int   a;
    scanf("%d", &a);
    if(a++<9)   printf("%d\n", a);
    else   printf("%d\n", a--);
}
```

程序运行时从键盘输入9<回车>，则输出结果是（　　）。

A．11　　　　B．10　　　　C．9　　　　D．8

21．有以下程序：

```
#include<stdio.h>
main( )
{   int   s=0, n;
    for( n=0; n<3; n++ )
    {   switch(s)
        {     case   0:
              case   1:   s+=1;
              case   2:   s+=2;   break;
              case   3:   s+=3;
              default:   s+=4;
        }
        printf("%d,",s);
    }
}
```

程序运行后的输出结果是（　　）。

A．1,2,4,　　　　B．1,3,6,　　　　C．3,6,10,　　　　D．3,10,14,

22．若k是int类型变量，且有以下for语句：

```
for(k=-1; k<0; k++ )   printf("****\n");
```

下面关于语句执行情况的叙述中正确的是（　　）。

A．循环体执行两次　　　　B．循环体执行一次

C．循环体一次也不执行　　　　D．构成无限循环

23．有以下程序：

```
#include<stdio.h>
main( )
{   char a,b,c;
    b='1';   c='A';
    for(a=0; a<6; a++)
```

```
    {   if(a%2)  putchar(b+a);
        else     putchar(c+a);
    }
}
```

程序运行后的输出结果是（　　）。

A．ABCDEF　　B．A2C4E6　　C．1B3D5F　　D．123456

24．设有如下定义语句：

```
int m[]={2,4,6,8,10}, *k=m;
```

在以下选项中，表达式的值为6的是（　　）。

A．k+2　　B．*(k+2)　　C．*k+2　　D．*k+=2

25．fun函数的功能：通过键盘输入，给x所指的整型数组所有的元素赋值。在下画线处应填写的是（　　）。

```
#include<stdio.h>
#define  N  5
void  fun(int  x[N])
{  int  m;
   for (m=N-1; m>=0; m-- )  scanf( "%d", _____ );
}
```

A．x+m　　B．&x[m+1]　　C．x+(m++)　　D．&x[++m]

26．若有函数：

```
void  fun(double  a, int  *n)
{ ...... }
```

以下叙述中正确的是（　　）。

A．形参a和n都是指针变量

B．形参a是一个数组名，n是指针变量

C．调用fun函数时，将把double型实参数组元素一一对应地传送给形参a数组

D．调用fun函数时，只有数组执行按值传送，其他实参和形参之间执行按地址传送

27．有以下程序：

```
#include <stdio.h>
main( )
{  int  a, b, k, m, *p1, *p2;
   k=1, m=8;
   p1=&k, p2=&m;
   a=/*p1-m;  b=*p1+*p2+6;
   printf( "%d  ",a );  printf( "%d\n",b );
}
```

编译时编译器提示错误信息，你认为出错的语句是（　　）。

A．b=*p1+*p2+6;　　B．a=/*p1-m;　　C．k=1,m=8;　　D．p1=&k,p2=&m;

28．以下选项中有语法错误的是（　　）。

A．char　str[3][10]; str[1]="guest";　　B．char　str[ ][10]={"guest"};

C．char　*str[3]; str[1]="guest";　　D．char　*str[ ]={"guest"};

29．avg 函数的功能是求整型数组中的前若干个元素的平均值，设数组元素个数最多不超过10，则下列函数说明语句错误的是（　　）。

A．int　avg(int　*a, int　n);　　B．int　avg(int　a[10], int n);

C．int　avg(int　a[], int n);　　D．int　avg(int　a, int n);

30．有以下程序：

```
#include<stdio.h>
#include<string.h>
main( )
{   printf("%d\n",strlen("ATS\n012\1")); }
```

程序运行后的输出结果是（　　）。

A．3　　B．4　　C．8　　D．9

31．有以下程序：

```
#include<stdio.h>
main( )
{   char   a[20], b[20], c[20];
    scanf("%s%s" ,a,b);
    gets(c);
    printf("%s%s%s\n",a,b,c);
}
```

程序运行时从第一列开始输入：

```
This   is   a   cat!<回车>
```

则输出结果是（　　）。

A．Thisisacat!　　B．Thisis a　　C．Thisisa cat!　　D．Thisis a cat!

32．有以下程序：

```
#include<stdio.h>
void   fun(char   c)
{   if(c>'x')   fun(c-1);
    printf("%c",c);
}
main( )
{   fun('z');   }
```

程序运行后的输出结果是（　　）。

A．wxyz　　B．xyz　　C．zyxw　　D．zyx

33．有以下程序：

```
#include<stdio.h>
void   func(int   n)
{   int   i;
    for (i=0; i<=n; i++)   printf("*");
    printf("#");
}
main( )
{   func(3);   printf("????");   func(4);   printf("\n");   }
```

程序运行后的输出结果是（　　）。

A．****#????***#　　B．**#????*****#

C．****#????*****#　　D．***#????****#

34．有以下程序：

```
#include<stdio.h>
void  fun(int  *s)
{  static int j=0;
   do {  s[j]=s[j]+s[j+1];  } while(++j<2);
}
main( )
{  int k,a[10]={1,2,3,4,5};
   for(k=1; k<3; k++)  fun(a);
   for(k=0; k<5; k++)  printf("%d", a[k]);
   printf("\n");
}
```

程序运行后的输出结果是（　　）。

A．34756　　B．23445　　C．35745　　D．12345

35．有以下程序：

```
#include<stdio.h>
#define  S(x)  (x)*x*2
main( )
{  int  k=5,  j=2;
   printf("%d,", S(k+j));  printf("%d\n",S((k-j)));
}
```

程序运行后的输出结果是（　　）。

A．98,18　　B．39,11　　C．98,11　　D．39,18

36．有以下程序：

```
#include<stdio.h>
void  exch(int t[])
{  t[0]=t[5];  }
main( )
{  int  x[10]={1,2,3,4,5,6,7,8,9,10}, i=0;
   while(i<=4) {  exch(&x[i]); i++;  }
   for (i=0; i<5; i++)  printf("%d ", x[i]);
   printf("\n");
}
```

程序运行后的输出结果是（　　）。

A．6 7 8 9 10　　B．1 3 5 7 9　　C．1 2 3 4 5　　D．2 4 6 8 10

37．设有以下程序：

```
struct  MP3
{  char  name[20];
   char  color;
   float  price;
```

```
} std, *ptr;
ptr=&std;
```

若要引用结构体变量std中的color成员，写法错误的是（　）。

A．std.color　B．ptr->color　C．(*ptr).color　D．std->color

38．有以下程序：

```
#include<stdio.h>
struct  stu
{  int  num;  char  name[10]; int age; };
void  fun(struct stu  *p )
{  printf("%s\n", p->name); }
main( )
{  struct  stu  x[3]={ {01,"Zhang",20},{02,"Wang",19},{03,"Zhao",18} };
   fun(x+2);
}
```

程序运行后的输出结果是（　）。

A．Zhang　B．Wang　C．Zhao　D．19

39．有以下程序：

```
#include<stdio.h>
main( )
{  int  a=12,c;
   c=(a<<2)<<1;
   printf("%d\n",c);
}
```

程序运行后的输出结果是（　）。

A．96　B．50　C．2　D．3

40．以下函数不能用于向文件中写入数据的是（　）。

A．fwrite　B．fputc　C．ftell　D．fprintf

二、程序填空题（18分）

给定程序的功能：从键盘输入若干行文本（每行不超过80个字符），写到文件myfile4.txt中，用-1作为字符串输入结束的标志。然后将文件的内容读出并显示在屏幕上。文件的读、写分别由自定义函数ReadText和WriteText实现。

请在程序的下画线处填入正确的内容并把下画线删除，使程序得出正确的结果。

注意：源程序存放在考生文件夹下的BLANK1.C中。不得增行或删行，也不得更改程序的结构。

```
#include<stdio.h>
#include<string.h>
#include<stdlib.h>
void WriteText(FILE *);
void ReadText(FILE *);
main()
{  FILE *fp;
   if((fp=fopen("myfile4.txt","w"))==NULL)
   {  printf(" open fail!!\n"); exit(0); }
```

```
    WriteText(fp);
    fclose(fp);
    if((fp=fopen("myfile4.txt","r"))==NULL)
    {   printf(" open fail!!\n"); exit(0); }
    ReadText(fp);
    fclose(fp);
}
/**********found**********/
void WriteText(FILE    ___1___)
{   char str[81];
    printf("\nEnter string with -1 to end :\n");
    gets(str);
    while(strcmp(str,"-1")!=0) {
/**********found**********/
        fputs(___2___,fw); fputs("\n",fw);
        gets(str);
    }
}
void ReadText(FILE *fr)
{   char str[81];
    printf("\nRead file and output to screen :\n");
    fgets(str,81,fr);
    while(!feof(fr)) {
/**********found**********/
       printf("%s",___3___);
       fgets(str,81,fr);
    }
}
```

三、程序修改题（18 分）

给定程序 MODI1.C 中函数 fun 的功能：从低位开始取出长整型变量 s 中奇数位上的数，依次构成一个新数放在 t 中。高位仍在高位，低位仍在低位。

例如，当 s 中的数为 7654321 时，t 中的数为 7531。

请改正程序中的错误，使它能得出正确的结果。

注意：不要改动 main 函数，不得增行或删行，也不得更改程序的结构。

```
#include<stdio.h>
/************found************/
void fun (long s, long t)
{   long sl=10;
    *t = s % 10;
    while (s > 0)
    {s = s/100;
        *t = s%10 * sl + *t;
/************found************/
```

```
            sl = sl*100;
        }
    }
    main()
    {   long s, t;
        printf("\nPlease enter s:"); scanf("%ld", &s);
        fun(s, &t);
        printf("The result is: %ld\n", t);
    }
```

四、程序设计题（24 分）

学生的记录由学号和成绩组成，N 名学生的数据已在主函数中放入结构体数组 s 中，请编写函数 fun，它的功能：把分数最低的学生数据放在 b 所指的数组中，分数最低的学生可能不止一个，函数返回分数最低学生的人数。

注意：部分源程序在文件 PROG1.C 中。请勿改动主函数 main 和其他函数中的任何内容，仅在函数 fun 的花括号中填入编写的若干语句。

```
#include<stdio.h>
#define N 16
typedef struct
{   char num[10];
    int s;
} STREC;
int fun(STREC *a, STREC *b)
{


}
main()
{   STREC s[N]={{"GA05",85},{"GA03",76}, {"GA02",69},{"GA04",85},{"GA01",91},{"GA07",72},
            {"GA08",64},{"GA06",87},{"GA015",85},{"GA013",91},{"GA012",64},{"GA014",91},
            {"GA011",91}, {"GA017",64},{"GA018",64},{"GA016",72}};
    STREC h[N];
    int i,n;FILE *out ;
    n=fun(s,h);
    printf("The %d lowest score :\n",n);
    for(i=0;i<n; i++)
      printf("%s    %4d\n",h[i].num,h[i].s);
    printf("\n");
    out = fopen("out.dat","w");
    fprintf(out, "%d\n",n);
    for(i=0;i<n; i++)
      fprintf(out, "%4d\n",h[i].s);
    fclose(out);
}
```

模拟试卷 3

二级公共基础知识和 C 语言程序设计

（考试时间为 120 分钟，满分为 100 分）

一、选择题（每题 1 分，共 40 分）

下列各题 A、B、C、D 四个选项中，只有一个选项是正确的。请将正确选项填涂在答题卡的相应位置上，答在试卷上不得分。

1. 下列叙述中正确的是（　　）。

A. 算法就是程序　　B. 设计算法时只需要考虑数据结构

C. 设计算法时只需要考虑结果的可靠性　　D. 以上三种说法都不对

2. 下列关于线性链表的叙述中，正确的是（　　）。

A. 各数据结点的存储空间可以不连续，但它们的存储顺序与逻辑顺序必须一致

B. 各数据结点的存储顺序与逻辑顺序可以不一致，但它们的存储空间必须连续

C. 进行插入与删除时，不需要移动表中的元素

D. 以上三种说法都不对

3. 下列关于二叉树的叙述中，正确的是（　　）。

A. 叶子结点总是比度为 2 的结点少一个　　B. 叶子结点总是比度为 2 的结点多一个

C. 叶子结点数是度为 2 的结点数的两倍　　D. 度为 2 的结点数是度为 1 的结点数的两倍

4. 软件按功能可以分为应用软件、系统软件和支撑软件（或工具软件）。下面属于应用软件的是（　　）。

A. 学生成绩管理系统　　B. C 语言编译程序

C. UNIX 操作系统　　D. 数据库管理系统

5. 某系统总体结构图如下：

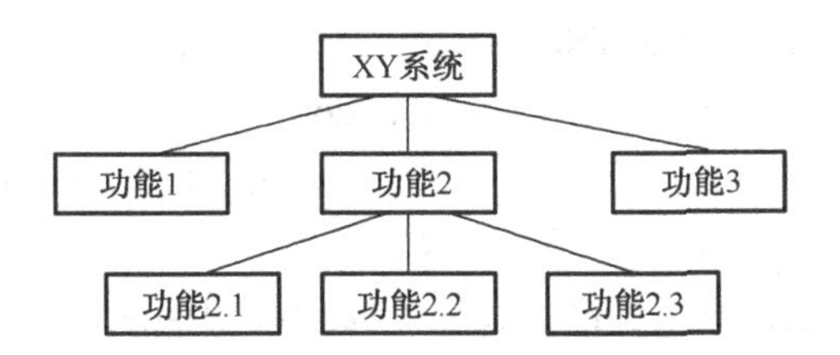

该系统总体结构图的深度是（　　）。

A. 7　　B. 6　　C. 3　　D. 2

6. 程序调试的任务是（　　）。

A. 设计测试用例　　B. 验证程序的正确性

C. 发现程序中的错误　　D. 诊断和改正程序中的错误

7. 下列关于数据库设计的叙述中，正确的是（　　）。

A. 在需求分析阶段建立数据字典　　B. 在概念设计阶段建立数据字典

C. 在逻辑设计阶段建立数据字典　　D. 在物理设计阶段建立数据字典

8. 数据库系统的三级模式不包括（　　）。

A. 概念模式　　B. 内模式　　C. 外模式　　D. 数据模式

9．有如下三个关系 R、S 和 T：

R

A	B	C
a	1	2
b	2	1
c	3	1

S

A	B	C
A	1	2
b	2	1

T

A	B	C
c	3	1

则由关系 R 和 S 得到关系 T 的操作是（　　）。

A．自然连接　　B．差　　C．交　　D．并

10．下列选项中属于面向对象设计方法的主要特征是（　　）。

A．继承　　B．自顶向下　　C．模块化　　D．逐步求精

11．以下叙述中错误的是（　　）。

A．C 语言编写的函数源程序，其文件名后缀可以是.C

B．C 语言编写的函数都可以作为一个独立的源程序文件

C．C 语言编写的每个函数都可以进行独立的编译并执行

D．一个 C 语言程序只能有一个主函数

12．以下选项中关于程序模块化的叙述错误的是（　　）。

A．把程序分成若干相对独立的模块，可便于编码和调试

B．把程序分成若干相对独立、功能单一的模块，可便于重复使用这些模块

C．可采用自底向上、逐步细化的设计方法把若干独立模块组装成所要求的程序

D．可采用自顶向下、逐步细化的设计方法把若干独立模块组装成所要求的程序

13．以下选项中关于 C 语言常量叙述错误的是（　　）。

A．常量是指在程序运行过程中，其值不能被改变的量

B．常量分为整型常量、实型常量、字符常量和字符串常量

C．常量可分为数值型常量和非数值型常量

D．经常被使用的变量可以定义成常量

14．若有定义语句：int a=10; double b=3.14;，则表达式'A'+a+b 值的类型是（　　）。

A．char　　B．int　　C．double　　D．float

15．若有定义语句：int x=12, y=8, z;，在其后执行语句 z=0.9+x/y ;，则 z 的值为（　　）。

A．1.9　　B．1　　C．2　　D．2.4

16．若有定义：int a, b;，则通过语句 scanf("%d;%d",&a, &b);，能把整数 3 赋给变量 a，5 赋给变量 b 的输入数据是（　　）。

A．3 5　　B．3,5　　C．3;5　　D．35

17．若有定义语句：int k1=10, k2=20;，则执行表达式(k1=k1>k2)&&(k2=k2>k1)后，k1 和 k2 的值分别为（　　）。

A．0 和 1　　B．0 和 20　　C．10 和 1　　D．10 和 20

18．有以下程序：

```
#include<stdio.h>
main()
{  int a=1, b=0;
   if(--a)  b++;
```

```
    else if(a==0) b+=2;
    else b+=3;
    printf("%d\n",b);
}
```

程序运行后的输出结果是（ ）。

A．0　　B．1　　C．2　　D．3

19．下列条件语句中，输出结果与其他语句不同的是（ ）。

A．if(a)printf("%d\n", x); else printf("%d\n", y);

B．if(a==0)printf("%d\n", y); else printf("%d\n", x);

C．if(a!=0)printf("%d\n", x); else printf("%d\n", y);

D．if(a==0)printf("%d\n", x); else printf("%d\n", y);

20．有以下程序：

```
#include<stdio.h>
main()
{ int a=7;
  while(a--);
  printf("%d\n", a);
}
```

程序运行后的输出结果是（ ）。

A．-1　　B．0　　C．1　　D．7

21．以下不能输出字符 A 的语句是（字符 A 的 ASCII 码值为 65，字符 a 的 ASCII 码值为 97）（ ）。

A．printf("%c\n", 'a'-32);　　B．printf("%d\n", 'A');

C．printf("%c\n", 65);　　D．printf("%c\n", 'B'-1);

22．有以下程序（字符 a 的 ASCIl 码值为 97）：

```
#include<stdio.h>
main()
{   char *s={"abc"};
    do
    {   printf("%d", *s%10); ++s;
    }while(*s);
}
```

程序运行后的输出结果是（ ）。

A．abc　　B．789　　C．7890　　D．979899

23．若有定义语句：double a, *p=&a，则以下叙述中错误的是（ ）。

A．定义语句中的*号是一个间址运算符

B．定义语句中的*号只是一个说明符

C．定义语句中的 p 只能存放 double 类型变量的地址

D．定义语句中的*p=&a 把变量 a 的地址作为初值赋给指针变量 p

24．有以下程序：

```
#include<stdio.h>
```

```
double f(double x);
main()
{   double a=0; int i;
    for(i=0; i<30; i+=10)   a+=f((double)i);
    printf("%5.0f\n", a);
}
double f(double x)
{   return x*x+1; }
```

程序运行后的输出结果是（　　）。

A．503　　B．401　　C．500　　D．1404

25．若有定义语句：int year=2009, *p=&year;，则以下不能使变量 year 中的值增至 2010 的语句是（　　）。

A．*p+=1;　　B．(*p)++;　　C．++(*p);　　D．*p++;

26．以下定义数组的语句中错误的是（　　）。

A．int num[]={1,2,3,4,5,6};　　B．int num[][3]={{1,2},3,4,5,6};

C．int num[2][4]={{1,2},{3,4},{5,6}};　　D．int num[][4]={1,2,3,4,5,6};

27．有以下程序：

```
#include<stdio.h>
void fun(int *p)
{ printf("%d\n",p[5]); }
main()
{ int a[10]={1,2,3,4,5,6,7,8,9,10 };
  fun(&a[3]);
}
```

程序运行后的输出结果是（　　）。

A．5　　B．6　　C．8　　D．9

28．有以下程序：

```
#include<stdio.h>
#define N 4
void fun(int a[][N],int b[])
{   int i;
    for(i=0; i<N; i++) b[i]=a[i][i]-a[i][N-1-i];
}
void main()
{   int x[N][N]={{1,2,3,4},{5,6,7,8},{9,10,11,12},{13,14,15,16}}, y[N], i;
    fun(x,y);
    for(i=0; i<N; i++) printf("%d,", y[i]); printf("\n");
}
```

程序运行后的输出结果是（　　）。

A．−12,−3,0,0,　　B．−3,−1,1,3,　　C．0,1,2,3,　　D．−3,−3,−3,−3

29．有以下函数：

```
int fun(char *x, char *y)
{   int n=0;
```

```
    while((*x==*y)&&*x!='\0') { x++; y++; n++; }
    return n;
}
```

函数的功能是（ ）。

A．查找x和y所指字符串中是否有'\0'

B．统计x和y所指字符串中最前面连续相同的字符个数

C．将y所指字符串赋给x所指存储空间

D．统计x和y所指字符串中相同的字符个数

30．若有定义语句：char *s1="OK", *s2="ok"，则在以下选项中，能够输出"0K"的语句是（ ）。

A．if(strcmp(s1, s2)==0) puts(s1);　　B．if(strcmp(s1, s2)!=0) puts(s2);

C．if(strcmp(s1, s2)==1) puts(s1);　　D．if(strcmp(s1, s2)!=0) puts(s1);

31．以下程序的主函数中调用了在其前面定义的fun函数：

```
#include<stdio.h>
main()
{   double a[15], k;
    k=fun(a);
}
```

以下选项中错误的fun函数首部是（ ）。

A．double fun(double a[15])　　B．double fun(double *a)

C．double fun(double a[])　　D．double fun(double a)

32．有以下程序：

```
#include<stdio.h>
#include<string.h>
main()
{   char a[5][10]={"china","beijing","you","tiananmen","welcome"};
    int i, j; char t[10];
    for(i=0; i<4; i++)
    for(j=i+1; j<5; j++)
    if(strcmp(a[i], a[j])>0)
    { strcpy(t, a[i]); strcpy(a[i], a[j]); strcpy(a[j], t); }
    puts(a[3]);
}
```

程序运行后的输出结果是（ ）。

A．Beijing　　B．china　　C．welcome　　D．tiananmen

33．有以下程序：

```
#include<stdio.h>
int f(int m)
{   static int n=0;
    n+=m;
    return n;
}
main()
```

```
{   int n=0;
    printf("%d,", f(++n));
    printf("%d\n", f(n++));
}
```

程序运行后的输出结果是（　　）。

A．1,2　　B．1,1　　C．2,3　　D．3,3

34．有以下程序：

```
#include<stdio.h>
main()
{ char ch [3][5]={"AAAA", "BBB", "CC"};
  printf ("%s\n", ch[1]);
}
```

程序运行后的输出结果是（　　）。

A．AAAA　　B．CC　　C．BBBCC　　D．BBB

35．有以下程序：

```
#include<stdio.h>
#include<string.h>
void fun(char *w, int m)
{   char s, *p1, *p2;
    p1=w; p2=w+m-1;
    while(p1<p2){ s=*p1; *p1=*p2; *p2=s; p1++; p2--; }
}
main()
{   char a[]="123456";
    fun(a, strlen(a)); puts(a);
}
```

程序运行后的输出结果是（　　）。

A．654321　　B．116611　　C．161616　　D．123456

36．有以下程序：

```
#include<stdio.h>
#include<string.h>
typedef   struct {char name[9]; char sex; int score[2]; }STU;
STU f(STU a)
{   STU b={"Zhao",' m', 85, 90};
    int i;
    strcpy(a.name, b.name);
    a.sex=b.sex;
    for(i=0; i<2; i++)a.score[i]=b.score[i];
    return a;
}
main()
{   STU c={"Qian", 'f', 95, 92},d;
    d=f(c);
    printf("%s, %c, %d, %d, ", d.name, d.sex, d.score[0], d.score[1]);
    printf("%s, %c, %d, %d", c.name, c.sex, c.score[0], c.score[1]);
}
```

程序运行后的输出结果是（　　）。

A．Zhao, m, 85, 90, Qian, f, 95, 92　　B．Zhao, m, 85, 90, Zhao, m, 85, 90

C．Qian, f, 95, 92, Qian, f, 95, 92　　D．Qian, f, 95, 92, Zhao, m, 85, 90

37．有以下程序：

```
#include<stdio.h>
main()
{ struct node{int n; struct node *next;} *p;
  struct node x[3]={{2, x+1}, {4, x+2}, {6, NULL}};
  p=x;
  printf("%d,", p->n);
  printf("%d\n", p->next->n);
}
```

程序运行后的输出结果是（　　）。

A．2,3　　B．2,4　　C．3,4　　D．4,6

38．有以下程序：

```
#include<stdio.h>
main()
{ int a=2,b;
  b=a<<2; printf("%d\n", b);
}
```

程序运行后的输出结果是（　　）。

A．2　　B．4　　C．6　　D．8

39．以下选项中叙述错误的是（　　）。

A．C 程序函数中定义赋有初值的静态变量，每调用一次函数，赋一次初值

B．在 C 程序的同一函数中，各复合语句内可以定义变量，其作用域仅限本复合语句内

C．C 程序函数中定义的自动变量，系统不自动赋确定的初值

D．C 程序函数的形参不可以说明为 static 型变量

40．有以下程序：

```
#include<stdio.h>
main()
{  FILE *fp;
   int k, n, i, a[6]={1, 2, 3, 4, 5, 6};
   fp=fopen("d2.dat","w");
   for(i=0; i<6; i++) fprintf(fp, "%d\n", a[i]);
   fclose(fp);
   fp=fopen("d2.dat", "r");
   for(i=0; i<3; i++) fscanf(fp,"%d%d", &k, &n);
   fclose(fp);
   printf("%d, %d\n", k, n);
}
```

程序运行后的输出结果是（　　）。

A．1,2　　B．3,4　　C．5,6　　D．123.456

二、程序填空题（18分）

给定程序中已经建立一个带有头结点的单向链表，在main函数中将多次调用fun函数，每调用一次fun函数，输出链表尾部结点中的数据，并释放该结点，使链表缩短。

请在程序的下画线处填入正确的内容并把下画线删除，使程序得出正确的结果。

注意：源程序存放在考生文件夹下的BLANK1.C中，不得对其增行或删行，也不得更改程序的结构。

```
#include<stdio.h>
#include<stdlib.h>
#define N 8
typedef struct list
{   int data;
    struct list *next;
} SLIST;
void fun(SLIST *p)
{   SLIST *t, *s;
    t=p->next; s=p;
    while(t->next != NULL)
    {s=t;
/**********found**********/
        t=t->___1___;
    }
/**********found**********/
    printf(" %d ",___2___);
    s->next=NULL;
/**********found**********/
    free(___3___);
}
SLIST *creatlist(int *a)
{   SLIST *h,*p,*q; int i;
    h=p=(SLIST *)malloc(sizeof(SLIST));
    for(i=0; i<N; i++)
    {   q=(SLIST *)malloc(sizeof(SLIST));
        q->data=a[i]; p->next=q; p=q;
    }
    p->next=0;
    return h;
}
void outlist(SLIST *h)
{   SLIST *p;
    p=h->next;
    if (p==NULL) printf("\nThe list is NULL!\n");
    else
    {   printf("\nHead");
        do {printf("->%d",p->data); p=p->next;} while(p!=NULL);
        printf("->End\n");
    }
```

```
}
main()
{  SLIST *head;
   int a[N]={11,12,15,18,19,22,25,29};
   head=creatlist(a);
   printf("\nOutput from head:\n"); outlist(head);
   printf("\nOutput from tail: \n");
   while (head->next != NULL){
      fun(head);
      printf("\n\n");
      printf("\nOutput from head again :\n"); outlist(head);
   }
}
```

三、程序修改题（18 分）

给定程序 MODI1.C 中 fun 函数的功能：将字符串中的字符按逆序输出，但不改变字符串中的内容。

例如，若字符串为 abcd，则应输出：dcba。

请改正程序中的错误，使它能得出正确的结果。

注意：不要改动 main 函数，不得增行或删行，也不得更改程序的结构。

```
#include<stdio.h>
/************found************/
fun (char a)
{  if (*a)
   {  fun(a+1);
/************found************/
      printf("%c" *a);
   }
}
main()
{  char s[10]="abcd";
   printf("处理前字符串=%s\n 处理后字符串=", s);
   fun(s); printf("\n");
}
```

四、程序设计题（24 分）

请编写一个函数 fun，它的功能：比较两个字符串的长度（不得调用 C 语言提供的求字符串长度的函数），函数返回较长的字符串。若两个字符串长度相同，则返回第一个字符串。

例如，输入 beijing<CR>shanghai<CR>(<CR>为回车)，函数将返回 shanghai。

注意：部分源程序在文件 PROG1.C 中。请勿改动主函数 main 和其他函数中的任何内容，仅在函数 fun 的花括号中填入编写的若干语句。

```
#include<stdio.h>
char *fun (char *s, char *t)
{

}
```

```
main()
{ char a[20],b[20];
  void NONO ();
  printf("Input 1th string:");
  gets(a);
  printf("Input 2th string:");
  gets(b);
  printf("%s\n",fun (a, b));
  NONO ();
}
void NONO ()
{/* 本函数用于打开文件、输入数据、调用函数、输出数据、关闭文件。 */
  FILE *fp, *wf ;
  int i ;
  char a[20], b[20] ;
  fp = fopen("in.dat","r");
  wf = fopen("out.dat","w");
  for(i = 0 ; i < 10 ; i++) {
    fscanf(fp, "%s %s", a, b);
    fprintf(wf, "%s\n", fun(a, b));
  }
  fclose(fp);
  fclose(wf);
}
```

模拟试卷 4

二级公共基础知识和C语言程序设计

（考试时间为120分钟，满分为100分）

一、选择题（每题1分，共40分）

下列各题A、B、C、D四个选项中，只有一个选项是正确的。请将正确选项填涂在答题卡的相应位置上，答在试卷上不得分。

1．下列关于栈叙述正确的是（　）。

A．栈顶元素最先能被删除　　B．栈顶元素最后才能被删除

C．栈底元素永远不能被删除　　D．以上三种说法都不对

2．下列叙述中正确的是（　）。

A．有一个以上根结点的数据结构不一定是非线性结构

B．只有一个根结点的数据结构不一定是线性结构

C．循环链表是非线性结构

D．双向链表是非线性结构

3．某二叉树共有7个结点，其中叶子结点只有1个，则该二叉树的度为（假设根结点在第1层）（　）。

A．3　　B．4　　C．6　　D．7

4．在软件开发中，需求分析阶段产生的主要文档是（　）。

A．软件集成测试计划　　B．软件详细设计说明书

C．用户手册　　D．软件需求规格说明书

5．结构化程序所要求的基本结构不包括（　）。

A．顺序结构　　B．goto 跳转

C．选择（分支）结构　　D．重复（循环）结构

6．下面描述中错误的是（　）。

A．系统总体结构图支持软件系统的详细设计

B．软件设计是将软件需求转换为软件表示的过程

C．数据结构与数据库设计是软件设计的任务之一

D．PAD 图是软件详细设计的表示工具

7．负责数据库中查询操作的数据库语言是（　）。

A．数据定义语言　　B．数据管理语言

C．数据操纵语言　　D．数据控制语言

8．一个教师可讲授多门课程，一门课程可由多个教师讲授，则实体教师和课程间的联系是（　）。

A．1∶1　　B．1∶m　　C．m∶1　　D．m∶n

9．有如下三个关系 R、S 和 T：

R

A	B	C
a	1	2
b	2	1
c	3	1

S

A	B
c	3

T

C
1

则由关系 R 和 S 得到关系 T 的操作是（　）。

A．自然连接　　B．交　　C．除　　D．并

10．定义无符号整数类为 UInt，下面可以作为类 UInt 实例化值的是（　）。

A．-369　　B．369　　C．0.369　　D．整数集合{1,2,3,4,5}

11．计算机高级语言程序的运行方法有编译执行和解释执行两种，以下叙述中正确的是（　）。

A．C 语言程序仅可以编译执行

B．C 语言程序仅可以解释执行

C．C 语言程序既可以编译执行，又可以解释执行

D．以上说法都不对

12．以下叙述中错误的是（　）。

A．C 语言的可执行程序是由一系列机器指令构成的

B．用 C 语言编写的源程序不能直接在计算机上运行

C．通过编译得到的二进制目标程序需要连接才可以运行

D．在没有安装 C 语言集成开发环境的机器上，不能运行 C 源程序生成的.exe 文件

13．以下选项中不能做 C 程序合法常量的是（　）。

A．1,234　　B．'\123'　　C．123　　D．"\x7G"

14．以下选项中可做 C 程序合法实数的是（　）。

A．.1e0　　B．3.0e0.2　　C．E9　　D．9.12E

15．若有定义语句：int a=3,b=2,c=1;，以下选项中错误的赋值表达式是（　）。

A．a=(b=4)=3;　　B．a=b=c+1;　　C．a=(b=4)+c;　　D．a=1+(b=c=4);

16．有以下程序：

```
char name[20]; int num;
scanf("name=%s,num=%d",name,&num);
```

当执行上述程序，并从键盘输入：name=Lili num=1001<回车>后，name 的值为（　）。

A．Lili　　B．name=Lili　　C．Lili num=　　D．name=Lili num=1001

17．if 语句的基本形式：if(表达式)语句，以下关于“表达式”值的叙述，正确的是（　）。

A．必须是逻辑值　　B．必须是整数值

C．必须是正数　　D．可以是任意合法的数值

18．有以下程序：

```
#include<stdio.h>
main()
{ int x=011;
  printf("%d\n",++x);
}
```

程序运行后的输出结果是（　）。

A．12　　B．11　　C．10　　D．9

19．有以下程序：

```
#include<stdio.h>
main()
{   int s;
    scanf("%d",&s);
    while(s>0)
    { switch(s)
        { case 1:printf("%d",s+5);
          case 2:printf("%d",s+4); break;
          case 3:printf("%d",s+3);
          default:printf("%d",s+1);break;
        }
    scanf("%d",&s);
    }
}
```

运行时，若输入 1 2 3 4 5 0<回车>，则输出的结果是（　）。

A．6566456　　B．66656　　C．66666　　D．6666656

20．有以下程序：

```
#include<stdio.h>
main()
{
    int i,n;
```

```
    for(i=0;i<8;i++)
    { n=rand()%5;
      switch (n)
      {   case 1:
          case 3:printf("%d\n",n); break;
          case 2:
          case 4:printf("%d\n",n); continue;
          case 0:exit(0);
      }
      printf("%d\n",n);
    }
}
```

以下关于程序执行情况的叙述，正确的是（　　）。

A．for 循环语句固定执行 8 次

B．当产生的随机数 n 为 4 时，结束循环操作

C．当产生的随机数 n 为 1 和 2 时，不做任何操作

D．当产生的随机数 n 为 0 时，结束程序运行

21．有以下程序：

```
#include<stdio.h>
main()
{   char s[]="012xy\08s34f4w2";
    int i,n=0;
    for(i=0;s[i]!=0;i++)
        if(s[i]>='0'&&s[i]<='9') n++;
    printf("%d\n",n);
}
```

程序运行后的输出结果是（　　）。

A．0　　B．3　　C．7　　D．8

22．若 i 和 k 都是 int 类型变量，有以下 for 语句：

```
for(i=0,k=-1;k=1;k++) printf("*****\n");
```

下面关于语句执行情况的叙述中正确的是（　　）。

A．循环体执行两次　　B．循环体执行一次

C．循环体一次也不执行　　D．构成无限循环

23．有以下程序：

```
#include <stdio.h>
main()
{   char b,c; int i;
    b='a';c='A';
    for(i=0;i<6;i++)
    {   if(i%2) putchar(i+b);
        else putchar(i+c);
    }
    printf("\n");
}
```

程序运行后的输出结果是（　　）。

A．ABCDEF　　B．AbCdEf　　C．aBcDeF　　D．abcdef

24．设有定义：double x[10],*p=x;，以下能给数组x下标为6的元素读入数据的正确语句是（　　）。

A．scanf("%f",&x[6]);　　B．scanf("%lf",*(x+6));

C．scanf("%lf",p+6);　　D．scanf("%lf",p[6]);

25．有以下程序（字母A的ASCII码值是65）：

```
#include<stdio.h>
void fun(char *s)
{   while(*s)
    {   if(*s%2) printf("%c",*s);
        s++;
    }
}
main()
{   char a[]="BYTE";
    fun(a);
    printf("\n");
}
```

程序运行后的输出结果是（　　）。

A．BY　　B．BT　　C．YT　　D．YE

26．有以下程序：

```
#include<stdio.h>
main()
{   …
    while( getchar()!='\n');
    …
}
```

以下叙述中正确的是（　　）。

A．此while语句将无限循环

B．getchar()不可以出现在while语句的条件表达式中

C．当执行此while语句时，只有按回车键程序才能继续执行

D．当执行此while语句时，按任意键程序就能继续执行

27．有以下程序：

```
#include<stdio.h>
main()
{ int x=1,y=0;
  if(!x) y++;
  else  if(x==0)
          if (x) y+=2;
          else y+=3;
          printf("%d\n",y);
}
```

程序运行后的输出结果是（　　）。

A．3　　B．2　　C．1　　D．0

28．若有定义语句：char s[3][10],(*k)[3],*p;，则以下赋值语句正确的是（　　）。

A．p=s;　　B．p=k;　　C．p=s[0];　　D．k=s;

29．有以下程序：

```
#include <stdio.h>
void fun(char *c)
{ while(*c)
   { if(*c>='a'&&*c<='z') *c=*c-('a'-'A');
     c++;
   }
}
main()
{ char s[81];
   gets(s);
   fun(s);
   puts(s);
}
```

当执行程序时从键盘上输入 Hello Beijing<回车>，则程序的输出结果是（　　）。

A．hello Beijing　　B．Hello Beijing

C．HELLO BEIJING　　D．hELLO Beijing

30．以下函数的功能：通过键盘输入数据，为数组中的所有元素赋值。

```
#include <stdio.h>
#define N 10
void fun(int x[N])
{ int i=0;
   while(i<N) scanf("%d",________);
}
```

在程序的下画线处应填入的是（　　）。

A．x+i　　B．&x[i+1]　　C．x+(i++)　　D．&x[++i]

31．有以下程序：

```
#include <stdio.h>
main()
{   char a[30],b[30];
    scanf("%s",a);
    gets(b);
    printf("%s\n %s\n",a,b);
}
```

程序运行时若输入：

```
how are you?   I am fine<回车>
```

则输出结果是（　　）。

A．how are you?
I am fine

B．how
are you?　I am fine

C. how are you? I am fine　　　　D. how are you?

32. 设有如下函数定义：

```
int fun(int k)
{ if (k<1) return 0;
  else if(k==1) return 1;
  else return fun(k-1)+1;
}
```

若执行调用语句：n=fun(3);，则函数 fun 总共被调用的次数是（　　）。

A. 2　　B. 3　　C. 4　　D. 5

33. 有以下程序：

```
#include<stdio.h>
int fun (int x,int y)
{ if (x!=y)   return   ((x+y)/2);
  else   return (x);
}
main()
{ int a=4,b=5,c=6;
  printf("%d\n",fun(2*a,fun(b,c)));
}
```

程序运行后的输出结果是（　）。

A. 3　　B. 6　　C. 8　　D. 12

34. 有以下程序：

```
#include<stdio.h>
int fun()
{ static int x=1;
  x*=2;
  return x;
}
main()
{ int i,s=1;
  for(i=1;i<=3;i++)   s*=fun();
  printf("%d\n",s);
}
```

程序运行后的输出结果是（　　）。

A. 0　　B. 10　　C. 30　　D. 64

35. 有以下程序：

```
#include<stdio.h>
#define S(x)   4*(x)*x+1
main()
{ int k=5,j=2;
  printf("%d\n",S(k+j));
}
```

程序运行后的输出结果是（　　）。

A．197　　B．143　　C．33　　D．28

36．设有定义：struct {char mark[12]; int num1; double num2;} t1,t2;，若变量均已正确赋初值，则以下语句中错误的是（　　）。

A．t1=t2;　　B．t2.num1=t1.num1;

C．t2.mark=t1.mark;　　D．t2.num2=t1.num2;

37．有以下程序：

```
#include<stdio.h>
struct ord
{ int x, y;}dt[2]={1,2,3,4};
main()
{   struct ord *p=dt;
    printf("%d,",++(p->x)); printf("%d\n",++(p->y));
}
```

程序运行后的输出结果是（　　）。

A．1,2　　B．4,1　　C．3,4　　D．2,3

38．有以下程序：

```
#include<stdio.h>
struct S
{ int a,b;}data[2]={10,100,20,200};
main()
{ struct S p=data[1];
  printf("%d\n",++(p.a));
}
```

程序运行后的输出结果是（　　）。

A．10　　B．11　　C．20　　D．21

39．有以下程序：

```
#include <stdio.h>
main()
{ unsigned char a=8,c;
  c=a>>3;
  printf("%d\n",c);
}
```

程序运行后的输出结果是（　　）。

A．32　　B．16　　C．1　　D．0

40．设 fp 已定义，执行语句 fp=fopen("file","w");后，以下针对文本文件 file 操作叙述的选项中正确的是（　　）。

A．写操作结束后可以从头开始读　　B．只能写不能读

C．可以在原有内容后追加写　　D．可以随意读和写

二、程序填空题（18 分）

给定程序中，函数 fun 的功能：计算 $N \times N$ 矩阵的主对角线元素和反向对角线元素之和，并作为函数值返回。注意：要求先累加主对角线元素中的值，再累加反向对角线元素中的值。

例如，若N=3，有下列矩阵：

1 2 3
4 5 6
7 8 9

fun函数先累加1、5、9，再累加3、5、7，函数的返回值为30。请在程序的下画线处填入正确的内容并把下画线删除，使程序得出正确的结果。

注意：源程序存放在考生文件夹下的BLANK1.C中，不得对其增行或删行，也不得更改程序的结构。

```
#include<stdio.h>
#define N 4
fun(int t[][N], int n)
{   int i, sum;
/**********found**********/
    ___1___;
    for(i=0; i<n; i++)
/**********found**********/
      sum+=___2___ ;
    for(i=0; i<n; i++)
/**********found**********/
      sum+= t[i][n-i-___3___] ;
    return sum;
}
main()
{   int t[][N]={21,2,13,24,25,16,47,38,29,11,32,54,42, 21,3,10},i,j;
    printf("\nThe original data:\n");
    for(i=0; i<N; i++)
    {for(j=0; j<N; j++) printf("%4d",t[i][j]);
       printf("\n");
    }
    printf("The result is: %d",fun(t,N));
}
```

三、程序修改题（18分）

给定程序MODI1.C中函数fun和funx的功能：用二分法求方程$2x^3-4x^2+3x-6=0$的一个根，并要求绝对误差不超过0.001。

例如，若给m输入–100，给n输入90，则函数求得的一个根值为2.000。

请改正程序中的错误，使它能得出正确的结果。

注意：不要改动main函数，不得增行或删行，也不得更改程序的结构。

```
#include<stdio.h>
#include<math.h>
double funx(double x)
{   return(2*x*x*x-4*x*x+3*x-6); }
double fun(double m, double n)
{
/************found************/
```

```
        int r;
        r=(m+n)/2;
/************found************/
        while(fabs(n-m)<0.001)
        {if(funx(r)*funx(n)<0) m=r;
        else n=r;
        r=(m+n)/2;
        }
        return r;
}
main()
{   double m,n, root;
    printf("Enter m n : \n"); scanf("%lf%lf",&m,&n);
    root=fun(m,n);
    printf("root = %6.3f\n",root);
}
```

四、程序设计题（24 分）

假定输入的字符串中只包含字母和*号。请编写函数 fun，它的功能：除了字符串前导和尾部的*号之外，将字符串中其他*号全部删除。形参 h 已指向字符串中的第一个字母，形参 p 已指向字符串中最后一个字母。在编写函数时，不得使用 C 语言提供的字符串函数。

例如，字符串中的内容为****A*BC*DEF*G********，删除后，字符串中的内容应当是****ABCDEFG********。在编写函数时，不得使用 C 语言提供的字符串函数。

注意：部分源程序在文件 PROG1.C 中。请勿改动主函数 main 和其他函数中的任何内容，仅在函数 fun 的花括号中填入编写的若干语句。

```
#include<stdio.h>
void fun(char *a, char *h, char *p)
{

}
main()
{   char s[81],*t, *f;
    void NONO ();
    printf("Enter a string:\n"); gets(s);
    t=f=s;
    while(*t) t++;
    t--;
    while(*t=='*') t--;
    while(*f=='*') f++;
    fun(s, f, t);
    printf("The string after deleted:\n"); puts(s);
    NONO();
}
void NONO()
{/* 本函数用于打开文件、输入数据、调用函数、输出数据、关闭文件。 */
  FILE *in, *out ;
```

```
    int i ; char s[81], *t, *f ;
    in = fopen("in.dat","r");
    out = fopen("out.dat","w");
    for(i = 0 ; i < 10 ; i++) {
      fscanf(in, "%s", s);
      t=f=s;
      while(*t)t++;
      t--;
      while(*t=='*') t--;
      while(*f=='*') f++;
      fun(s, f, t);
      fprintf(out, "%s\n", s) ;
    }
    fclose(in);
    fclose(out);
}
```

模拟试卷 5

二级公共基础知识和C语言程序设计

（考试时间为120分钟，满分为100分）

一、选择题（每题1分，共40分）

下列各题 A、B、C、D 四个选项中，只有一个选项是正确的。请将正确选项填涂在答题卡的相应位置上，答在试卷上不得分。

1．下列叙述中正确的是（　　）。

A．线性表的链式存储结构与顺序存储结构所需要的存储空间是相同的

B．线性表的链式存储结构所需要的存储空间一般要多于顺序存储结构

C．线性表的链式存储结构所需要的存储空间一般要少于顺序存储结构

D．上述三种说法都不对

2．下列叙述中正确的是（　　）。

A．在栈中，栈中元素随栈底指针与栈顶指针的变化而动态变化

B．在栈中，栈顶指针不变，栈中元素随栈底指针的变化而动态变化

C．在栈中，栈底指针不变，栈中元素随栈顶指针的变化而动态变化

D．上述三种说法都不对

3．软件测试的目的是（　　）。

A．评估软件可靠性　　B．发现并改正程序中的错误

C．改正程序中的错误　　D．发现程序中的错误

4．下列描述中，不属于软件危机表现的是（　　）。

A．软件过程不规范　　B．软件开发生产率低

C．软件质量难以控制　　D．软件成本不断提高

5．软件生命周期是指（　　）。

A．软件产品从提出、实现、使用维护到停止使用退役的过程

B．软件从需求分析、设计、实现到测试完成的过程

C．软件的开发过程

D．软件的运行维护过程

6．面向对象方法中，继承是指（　　）。

A．一组对象所具有的相似性质　　B．一个对象具有另一个对象的性质

C．各对象之间的共同性质　　D．类之间共享属性和操作的机制

7．层次型、网状型和关系型数据库划分的原则是（　　）。

A．记录长度　　B．文件的大小　　C．联系的复杂程度　　D．数据之间的联系方式

8．一个工作人员可以使用多台计算机，而一台计算机可被多个人使用，则实体工作人员与实体计算机之间的联系是（　　）。

A．一对一　　B．一对多　　C．多对多　　D．多对一

9．数据库设计中反映用户对数据要求的模式是（　　）。

A．内模式　　B．概念模式　　C．外模式　　D．设计模式

10．有如下三个关系R、S和T：

R

A	B	C
a	1	2
b	2	1
c	3	1

S

A	D
c	4

T

A	B	C	D
c	3	1	4

则由关系R和S得到关系T的操作是（　　）。

A．自然连接　　B．交　　C．投影　　D．并

11．以下关于结构化程序设计的叙述，正确的是（　　）。

A．一个结构化程序必须同时由顺序、分支、循环三种结构组成

B．结构化程序使用goto语句会很便捷

C．在C语言中，程序的模块化是利用函数实现的

D．由三种基本结构构成的程序只能解决小规模的问题

12．以下关于简单程序设计的步骤和顺序，正确的是（　　）。

A．确定算法后，整理并写出文档，最后进行编码和上机调试

B．首先确定数据结构，然后确定算法，再编码，并上机调试，最后整理文档

C．先编码和上机调试，在编码过程中确定算法和数据结构，最后整理文档

D．先写好文档，再根据文档进行编码和上机调试，最后确定算法和数据结构

13．以下叙述中错误的是（　　）。

A．C语言程序在运行过程中所有计算都以二进制方式进行

B．C语言程序在运行过程中所有计算都以十进制方式进行

C．所有C语言程序都需要编译链接无误后才能运行

D．C语言程序中整型变量只能存放整数，实型变量只能存放浮点数

14．有以下定义：int a; long b; double x,y; 则以下选项中正确的表达式是（　　）。

A．a%(int)(x-y)　　B．a=x!=y　　C．(a*y)%b　　D．y=x+y=x

15．以下选项中能表示合法常量的是（　　）。

A．整数：1,200　　B．实数：1.5E2.0

C．字符斜杠：'\'　　D．字符串："\007"

16．表达式 a+=a-=a=9 的值是（　　）。

A．9　　B．–9　　C．18　　D．0

17．若变量已正确定义，则在 if(W)printf("%d\n",k); 中，不可替代 W 的是（　　）。

A．a<>b+c　　B．ch=getchar()　　C．a==b+c　　D．a++

18．有以下程序：

```
#include<stdio.h>
main()
{ int a=1,b=0;
  if(!a) b++;
  else if(a==0) if(a)b+=2;
  else   b+=3;
  printf("%d\n",b);
}
```

程序运行后的输出结果是（　　）。

A．0　　B．1　　C．2　　D．3

19．若有定义语句 int a, b;double x; 则下列选项中没有错误的是（　　）。

A．
```
switch(x%2)
{  case 0: a++; break;
   case 1: b++; break;
   default: a++; b++;
}
```

B．
```
switch((int)x/2.0)
{  case 0: a++; break;
   case 1: b++; break;
   default: a++; b++;
}
```

C．
```
switch((int)x%2)
{  case 0: a++; break;
   case 1: b++; break;
   default: a++; b++;
}
```

D．
```
switch((int)(x)%2)
{  case 0.0: a++; break;
   case 1.0: b++; break;
   default: a++; b++;
}
```

20．有以下程序：

```
#include<stdio.h>
main()
{   int a=1,b=2;
    while(a<6) { b+=a; a+=2; b%=10; }
    printf("%d,%d\n",a,b);
}
```

程序运行后的输出结果是（　　）。

A．5,11　　B．7,1　　C．7,11　　D．6,1

21．有以下程序：

```
#include<stdio.h>
main()
{ int y=10;
```

```
    while(y--);
    printf("y=%d\n",y);
}
```

程序执行后的输出结果是（　　）。

A．y=0　　B．y= –1　　C．y=1　　D．while 构成无限循环

22．有以下程序：

```
#include<stdio.h>
main()
{   char s[]="rstuv";
    printf("%c\n",*s+2);
}
```

程序运行后的输出结果是（　　）。

A．tuv　　B．字符 t 的 ASCII 码值

C．t　　D．出错

23．有以下程序：

```
#include<stdio.h>
#include<string.h>
main()
{ char x[]="STRING";
  x[0]=0; x[1]='\0'; x[2]='0';
  printf("%d    %d\n",sizeof(x),strlen(x));
}
```

程序运行后的输出结果是（　　）。

A．6　1　　B．7　0　　C．6　3　　D．7　1

24．有以下程序：

```
#include<stdio.h>
int   f(int   x);
main()
{   int n=1,m;
    m=f(f(f(n))); printf("%d\n",m);
}
int f(int x)
{   return   x*2; }
```

程序运行后的输出结果是（　　）。

A．1　　B．2　　C．4　　D．8

25．以下程序完全正确的是（　　）。

A．int *p;　scanf("%d",&p);　　B．int *p;　scanf("%d",p);

C．int k, *p=&k;　scanf("%d",p);　　D．int k, *p;　*p= &k;　scanf("%d",p);

26．有定义语句 int *p[4]; ，以下选项中与此语句等价的是（　　）。

A．int　p[4];　　B．int　**p;　　C．int　*(p[4]);　　D．int (*p)[4];

27．在下列定义数组的语句中，正确的是（　　）。

A．int　N=10;
　　int　x[N];

B．#define N 10
　　int x[N];

C．int　x[0..10];　　　　D．int x[];

28．若要定义一个具有5个元素的整型数组，则以下错误的定义语句是（　　）。

A．int　a[5]={0};　　　　B．int　b[]={0,0,0,0,0};

C．int　c[2+3];　　　　D．int　i=5,d[i];

29．有以下程序：

```
#include<stdio.h>
void  f(int *p);
main()
{  int  a[5]={1,2,3,4,5},*r=a;
   f(r);printf("%d\n",*r);
}
void f(int *p)
{  p=p+3; printf("%d,",*p); }
```

程序运行后的输出结果是（　　）。

A．1,4　　B．4,4　　C．3,1　　D．4,1

30．有以下程序（函数fun只对下标为偶数的元素进行操作）：

```
#include<stdio.h>
void fun(int *a,int n)
{  int i,j,k,t;
   for(i=0;i<n-1;i+=2)
   { k=i;
     for(j=i;j<n;j+=2) if(a[j]>a[k])k=j;
      t=a[i]; a[i]=a[k];a[k]=t;
   }
}
main()
{  int aa[10]={1,2,3,4,5,6,7},i;
   fun(aa,7);
   for(i=0;i<7; i++) printf("%d,",aa[i]);
   printf("\n");
}
```

程序运行后的输出结果是（　　）。

A．7,2,5,4,3,6,1　　B．1,6,3,4,5,2,7　　C．7,6,5,4,3,2,1　　D．1,7,3,5,6;2,1

31．下列选项中，能够满足“若字符串s1等于字符串s2，则执行ST”要求的是（　　）。

A．if(strcmp(s2,s1)==0) ST;　　　　B．if(s1==s2) ST;

C．if(strcpy(s1,s2)==1) ST;　　　　D．if(s1-s2==0) ST;

32．以下不能将s所指字符串正确复制到t所指存储空间的是（　　）。

A．while(*t=*s) { t++;s++; }　　　　B．for(i=0;t[i]=s[i];i++);

C．do{ *t++=*s++; }while(*s);　　　　D．for(i=0,j=0;t[i++]=s[j++];);

33．有以下程序（strcat函数用以连接两个字符串）：

```
#include<stdio.h>
#include<string.h>
main()
```

```
{   char a[20]="ABCD\0EFG\0",b[]="IJK";
    strcat(a,b); printf("%s\n",a);
}
```

程序运行后的输出结果是（　　）。

A．ABCDE\0FG\0IJK　　B．ABCDIJK

C．IJK　　D．EFGIJK

34．有以下程序，程序中库函数 islower(ch)用以判断 ch 中的字母是否为小写字母：

```
#include<stdio.h>
#include<ctype.h>
void fun(char *p)
{   int i=0;
    while(p[i])
    { if(p[i]==' '&&islower(p[i-1])) p[i-1]=p[i-1]-'a'+'A';
      i++;
    }
}
main()
{   char s1[100]="ab cd EFG!";
    fun(s1); printf("%s\n",s1);
}
```

程序运行后的输出结果是（　　）。

A．ab　cd　EFG!　　B．Ab　Cd　EFg!

C．aB　cD　EFG!　　D．ab　cd　EFg!

35．有以下程序：

```
#include<stdio.h>
void  fun(int x)
{   if(x/2>1) fun(x/2);
    printf("%d",x);
}
main()
{   fun(7);
    printf("\n");
}
```

程序运行后的输出结果是（　　）。

A．1 3 7　　B．7 3 1　　C．7 3　　D．3 7

36．有以下程序：

```
#include<stdio.h>
int fun()
{   static int x=1;
    x+=1; return x;
}
main()
{   int i,s=1;
    for(i=1;i<=5;i++) s+=fun();
```

```
    printf("%d\n",s);
}
```

程序运行后的输出结果是（　　）。

A．11　　B．21　　C．6　　D．120

37．有以下程序：

```
#include<stdio.h>
#include<stdlib.h>
main()
{   int *a,*b,*c;
    a=b=c=(int *)malloc(sizeof(int));
    *a=1; *b=2,*c=3;
    a=b;
    printf("%d,%d,%d\n",*a,*b,*c);
}
```

程序运行后的输出结果是（　　）。

A．3,3,3　　B．2,2,3　　C．1,2,3　　D．1,1,3

38．有以下程序：

```
#include<stdio.h>
main()
{   int s,t,A=10; double B=6;
    s=sizeof(A); t=sizeof(B);
    printf("%d,%d\n",s,t);
}
```

在VC6平台上编译运行，程序运行后的输出结果是（　　）。

A．2,4　　B．4,4　　C．4,8　　D．10,6

39．若有以下语句：

```
typedef struct S
{ int g; char h;}T;
```

以下叙述中正确的是（　　）。

A．可用S定义结构体变量　　B．可用T定义结构体变量

C．S是struct类型的变量　　D．T是struct S类型的变量

40．有以下程序：

```
#include<stdio.h>
main()
{   short c=124;
    c=c_______;
    printf("%d\n",c);
}
```

若要使程序的运行结果为248，应在下画线处填入的是（　　）。

A．>>2　　B．|248　　C．&0248　　D．<<1

二、程序填空题（18分）

程序通过定义学生结构体变量，存储了学生的学号、姓名和3门课的成绩。函数fun的功能是将形参a所指结构体变量s中的数据进行修改，并把a中地址作为函数值返回主函数，在

主函数中输出修改后的数据。

例如：a 所指变量 s 中的学号、姓名和 3 门课的成绩依次是 1001、“ZhangSan”、95、80、88，修改后输出 t 中的数据应为 1002、“LiSi”、96、81、89。

请在程序的下画线处填入正确的内容并把下画线删除，使程序得出正确的结果。

注意：源程序存放在考生文件夹下的 BLANK1.C 中，不得对其增行或删行，也不得更改程序的结构。

```
#include<stdio.h>
#include<string.h>
struct student {
  long sno;
  char name[10];
  float score[3];
};
/**********found**********/
__1__ fun(struct student *a)
{ int i;
  a->sno = 10002;
  strcpy(a->name, "LiSi");
/**********found**********/
  for (i=0; i<3; i++) __2__ += 1;
/**********found**********/
  return __3__ ;
}
main()
{ struct student s={10001,"ZhangSan", 95, 80, 88}, *t;
  int i;
  printf("\n\nThe original data :\n");
  printf("\nNo: %ld Name: %s\nScores: ",s.sno, s.name);
  for (i=0; i<3; i++) printf("%6.2f ", s.score[i]);
  printf("\n");
  t = fun(&s);
  printf("\nThe data after modified :\n");
  printf("\nNo: %ld Name: %s\nScores: ",t->sno, t->name);
  for (i=0; i<3; i++) printf("%6.2f ", t->score[i]);
  printf("\n");
}
```

三、程序修改题（18 分）

给定程序 MODI1.C 中函数 fun 的功能：从 N 个字符串中找出最长的，并将其地址作为函数值返回。各字符串在主函数中输入，并放入一个字符串数组中。

请改正程序中的错误，使它能得出正确的结果。

注意：不要改动 main 函数，不得增行或删行，也不得更改程序的结构。

```
#include<stdio.h>
#include<string.h>
#define N 5
```

```
#define M 81
/**********found**********/
fun(char (*sq)[M])
{   int i; char *sp;
    sp=sq[0];
    for(i=0;i<N;i++)
        if(strlen(sp)<strlen(sq[i]))
            sp=sq[i] ;
/**********found**********/
    return sq;
}
main()
{   char str[N][M], *longest; int i;
    printf("Enter %d lines :\n",N);
    for(i=0; i<N; i++) gets(str[i]);
    printf("\nThe N string :\n",N);
    for(i=0; i<N; i++) puts(str[i]);
    longest=fun(str);
    printf("\nThe longest string :\n"); puts(longest);
}
```

四、程序设计题（24 分）

函数 fun 的功能：将 a、b 中的两个两位正整数合并形成一个新的整数放在 c 中。合并的方式：将 a 中的十位和个位数依次放在变量 c 的百位和个位上，b 中的十位和个位数依次放在变量 c 的十位和千位上。

例如，当 a=45，b=12 时，则调用该函数后，c=2415。

注意：部分源程序在文件 PROG1.C 中。请勿改动主函数 main 和其他函数中的任何内容，仅在函数 fun 的花括号中填入编写的若干语句。

```
#include<stdio.h>
void fun(int a, int b, long *c)
{

}
main()
{   int a,b; long c; void NONO ();
    printf("Input a, b:");
    scanf("%d%d", &a, &b);
    fun(a, b, &c);
    printf("The result is: %ld\n", c);
    NONO();
}
void NONO ()
{/* 本函数用于打开文件、输入数据、调用函数、输出数据、关闭文件。 */
    FILE *rf, *wf ;
    int i, a,b ; long c ;
    rf = fopen("in.dat","r");
```

```
    wf = fopen("out.dat","w");
    for(i = 0 ; i < 10 ; i++) {
        fscanf(rf, "%d,%d", &a, &b);
        fun(a, b, &c);
        fprintf(wf, "a=%d,b=%d,c=%ld\n", a, b, c);
    }
    fclose(rf);
    fclose(wf);
}
```

模拟试卷 6

二级公共基础知识和 C 语言程序设计

（考试时间为 120 分钟，满分为 100 分）

一、选择题（每题 1 分，共 40 分）

下列各题 A、B、C、D 四个选项中，只有一个选项是正确的。请将正确选项填涂在答题卡的相应位置上，答在试卷上不得分。

1．下列叙述中正确的是（　　）。

A．对长度为 n 的有序链表进行查找，最坏情况下需要的比较次数为 n

B．对长度为 n 的有序链表进行对分查找，最坏情况下需要的比较次数为(n/2)

C．对长度为 n 的有序链表进行对分查找，最坏情况下需要的比较次数为(log2n)

D．对长度为 n 的有序链表进行对分查找，最坏情况下需要的比较次数为(n log2n)

2．算法的时间复杂度是指（　　）。

A．算法的执行时间　　B．算法所处理的数据量

C．算法程序中的语句或指令条数　　D．算法在执行过程中所需要的基本运算次数

3．软件按功能可以分为应用软件、系统软件和支撑软件（或工具软件）。下面属于系统软件的是（　　）。

A．编辑软件　　B．操作系统　　C．教务管理系统　　D．浏览器

4．软件（程序）调试的任务是（　　）。

A．诊断和改正程序中的错误　　B．尽可能多地发现程序中的错误

C．发现并改正程序中的所有错误　　D．确定程序中错误的性质

5．数据流程图（DFD 图）是（　　）。

A．软件概要设计的工具　　B．软件详细设计的工具

C．结构化方法的需求分析工具　　D．面向对象方法的需求分析工具

6．软件生命周期可分为定义阶段、开发阶段和维护阶段。详细设计属于（　　）。

A．定义阶段　　B．开发阶段　　C．维护阶段　　D．上述三个阶段

7．数据库管理系统中负责数据模式定义的语言是（　　）。

A．数据定义语言　B．数据管理语言　C．数据操纵语言　D．数据控制语言

8．在学生管理的关系数据库中，存取一个学生信息的数据单位是（　　）。

A．文件　　B．数据库　　C．字段　　D．记录

9．数据库设计中，用E-R图来描述信息结构，但不涉及信息在计算机中的表示，它属于数据库设计的（　　）。

A．需求分析阶段 B．逻辑设计阶段 C．概念设计阶段 D．物理设计阶段

10．有如下两个关系R和T：

R

A	B	C
a	1	2
b	2	2
c	3	2
d	3	2

T

A	B	C
c	3	2
d	3	2

则由关系R得到关系T的操作是（　　）。

A．选择　　B．投影　　C．交　　D．并

11．以下叙述正确的是（　　）。

A．C语言程序是由过程和函数组成的

B．C语言函数可以嵌套调用，例如：fun(fun(x))

C．C语言函数不可以单独编译

D．C语言中除了main函数，其他函数不可以作为单独文件形式存在

12．以下关于C语言的叙述中，正确的是（　　）。

A．C语言中的注释不可以夹在变量名或关键字的中间

B．C语言中的变量可以在使用之前的任何位置进行定义

C．在C语言算术的书写中，运算符两侧的运算数类型必须一致

D．C语言的数值常量中夹带空格不影响常量值的正确表示

13．以下C语言用户标示符中，不合法的是（　　）。

A．_1　　B．AaBc　　C．a_b　　D．a--b

14．若有定义：double a=22; int i=0, k=18;，则不符合C语言规定的赋值语句是（　　）。

A．a=a++, i++;　　B．i=(a+k)<=(i+k);　　C．i=a%11;　　D．i=!a;

15．有以下程序：

```
#include<stdio.h>
main()
{ char a,b,c,d;
  scanf("%c%c",&a,&b);
  c=getchar();   d=getchar();
  printf("%c%c%c%c\n",a,b,c,d);
}
```

当执行程序时，按下列方式输入数据（从第一列开始，<CR>代表回车，注意：回车是一个字符）

```
12<CR>
34<CR>
```

则输出结果是（　　）。

A．1234　　　　B．12

C．12
　　3　　　　D．12
　　34

16．以下关于 C 语言数据类型使用的叙述中错误的是（　　）。

A．若要准确无误地表示自然数，应使用整数类型

B．若要保存带有多位小数的数据，应使用双精度类型

C．若要处理如“人员信息”等含有不同类型的相关数据，应自定义结构体类型

D．若只处理“真”“假”两种逻辑值，应使用逻辑类型

17．若 a 是数值类型，则逻辑表达式(a==1)||(a!=1)的值是（　　）。

A．1　　B．0　　C．2　　D．不知道 a 的值，不能确定

18．以下选项中与 if(a==1) a=b; else a++; 语句功能不同的 switch 语句是（　　）。

A．
```
switch(a)
{   case 1: a=b; break;
    default: a++;
}
```

B．
```
switch(a==1)
{   case 0: a=b; break;
    case 1: a++;
}
```

C．
```
switch(a)
{   default: a++; break;
    case 1:a=b;
}
```

D．
```
switch(a==1)
{   case 1: a=b; break;
    case 0: a++;
}
```

19．有如下嵌套的 if 语句：

```
if(a<b)
    if(a<c)    k=a;
    else       k=c;
else
    if(b<c)   k=b;
    else      k=c;
```

以下选项中与上述 if 语句等价的语句是（　　）。

A．k=(a<b)?a:b;k=(b<c)?b:c;　　B．k=(a<b)?((b<c)?a:b):((b<c)?b:c);

C．k=(a<b)?((a<c)?a:c):((b<c)?b:c);　　D．k=(a<b)?a:b;k=(a<c)?a;c

20．有以下程序：

```
#include<stdio.h>
main()
{ int i,j,m=1;
  for(i=1;i<3;i++)
  { for(j=3;j>0;j--)
     {  if(i*j>3) break;
        m*=i*j;
     }
  }
  printf("m=%d\n",m);
}
```

程序运行后的输出结果是（　　）。

A．m=6　　B．m=2　　C．m=4　　D．m=5

21．有以下程序：

```
#include<stdio.h>
main()
{ int a=1,b=2;
  for(;a<8;a++) { b+=a; a+=2; }
  printf ("%d,%d\n",a,b);
}
```

程序运行后的输出结果是（　　）。

A．9,18　　B．8,11　　C．7,11　　D．10,14

22．有以下程序，其中k的初值为八进制数：

```
#include<stdio.h>
main()
{ int k=011;
  printf("%d\n",k++);
}
```

程序运行后的输出结果是（　　）。

A．12　　B．11　　C．10　　D．9

23．下列语句中，正确的是（　　）。

A．char *s ; s="Olympic";　　B．char s[7] ; s="Olympic";

C．char *s ; s={"Olympic"};　　D．char s[7] ; s={"Olympic"};

24．以下关于return语句的叙述中，正确的是（　　）。

A．一个自定义函数中，必须有一条return语句

B．一个自定义函数中，可以根据不同情况设置多条return语句

C．定义成void类型的函数中，可以有带返回值的return语句

D．没有return语句的自定义函数在执行结束时，不能返回到调用处

25．下列选项中，能够正确定义数组的语句是（　　）。

A．int num[0..2008];　　B．int num[];

C．int N=2008;
　　int num[N];

D．#define N 2008
　　int num[N];

26．有以下程序：

```
#include<stdio.h>
void fun (char*c,int d)
{ *c=*c+1; d=d+1;
  printf("%c,%c,",*c,d);
}
main()
{ char b='a',a='A';
  fun(&b,a); printf("%c,%c\n",b,a);
}
```

程序运行后的输出结果是（　　）。

A．b,B,b,A　　B．b,B,B,A　　C．a,B,B,a　　D．a,B,a,B

27．若有定义 int (*pt)[3];，则下列说法正确的是（　　）。

A．定义了基类型为 int 的三个指针变量

B．定义了基类型为 int 的具有三个元素的指针数组 pt

C．定义了一个名为*pt 具有三个元素的整型数组

D．定义了一个名为 pt 的指针变量，它可以指向每行有三个整数元素的二维数组

28．设有定义 double a[10],*s=a;，以下能够代表数组元素 a[3]的是（　　）。

A．(*s)[3]　　B．*(s+3)　　C．*s[3]　　D．*s+3

29．有以下程序：

```
#include<stdio.h>
main()
{ int a[5]={1,2,3,4,5}, b[5]={0,2,1,3,0},i,s=0;
  for(i=0;i<5;i++) s=s+a[b[i]];
  printf("%d\n",s);
}
```

程序运行后的输出结果是（　　）。

A．6　　B．10　　C．11　　D．15

30．有以下程序：

```
#include<stdio.h>
main()
{ int b[3] [3]={0,1,2,0,1,2,0,1,2},i,j,t=1;
  for(i=0; i<3; i++)
  for(j=i;j<=i;j++)   t+=b[i][b[j][i]];
  printf("%d\n",t);
}
```

程序运行后的输出结果是（　　）。

A．1　　B．3　　C．4　　D．9

31．若有以下定义和语句：

```
char s1[10]= "abcd!", *s2="n123\\";
printf("%d %d\n", strlen(s1),strlen(s2));
```

则输出结果是（　　）。

A．5 5　　B．10 5　　C．10 7　　D．5 8

32．有以下程序：

```
 #include<stdio.h>
#define N 8
void fun(int *x,int i)
{ *x=*(x+i); }
main()
{ int a[N]={1,2,3,4,5,6,7,8},i;
  fun(a,2);
  for(i=0; i<N/2; i++)
  { printf("%d",a[i]); }
```

```
    printf("\n");
}
```

程序运行后的输出结果是（ ）。

A．1 3 1 3　　B．2 2 3 4　　C．3 2 3 4　　D．1 2 3 4

33．有以下程序：

```
#include<stdio.h>
int f(int t[],int n);
main()
{ int a[4]={1,2,3,4},s;
  s=f(a,4); printf("%d\n",s);
}
int f(int t[], int n)
{ if (n>0)   return t[n-1]+f(t,n-1);
  else   return 0;
}
```

程序运行后的输出结果是（ ）。

A．4　　B．10　　C．14　　D．6

34．有以下程序：

```
#include<stdio.h>
int fun()
{ static int x=1;
  x*=2; return x;
}
main()
{ int i,s=1;
  for (i=1;i<=2;i++)   s=fun();
  printf("%d\n",s);
}
```

程序运行后的输出结果是（ ）。

A．0　　B．1　　C．4　　D．8

35．有以下程序：

```
#include<stdio.h>
#define   SUB(a)   (a)-(a)
main()
{ int a=2,b=3,c=5,d;
  d=SUB(a+b)*c;
  printf("%d\n",d);
}
```

程序运行后的输出结果是（ ）。

A．0　　B．–12　　C．–20　　D．10

36．设有定义：

```
struct complex
{    int   real, unreal ;} data1={1,8},data2;
```

则以下赋值语句中错误的是（　　）。

A．data2=data1;　B．data2=(2,6);　C．data2.real=data1.real;　D．data2.real=data1.unreal;

37．有以下程序：

```
#include<stdio.h>
#include<string.h>
struct A
{   int a; char b[10];double c; };
void f(struct  A  t);
main()
{   struct A a={1001,"ZhangDa",1098.0};
    f(a); printf("%d,%s,%6.1f\n",a.a,a.b,a.c);
}
void f(struct A t)
{   t.a=1002; strcpy(t.b,"ChangRong"); t.c=1202.0; }
```

程序运行后的输出结果是（　　）。

A．1001,ZhangDa,1098.0　　B．1002,ChangRong,1202.0

C．1001,ChangRong,1098.0　　D．1002,ZhangDa,1202.0

38．有以下定义和语句：

```
struct  workers
{   int  num; char name[20];char c;
    struct
    {int day;int month;int year;} s;
};
struct workers  w,*pw;
pw=&w;
```

能给 w 中 year 成员赋 1980 的语句是（　　）。

A．*pw.year=1980;　　B．w.year=1980;

C．pw->year=1980;　　D．w.s.year=1980;

39．有以下程序：

```
#include<stdio.h>
main()
{ int a=2,b=2,c=2;
  printf("%d\n",a/b&c);
}
```

程序运行后的结果是（　　）。

A．0　　B．1　　C．2　　D．3

40．有以下程序：

```
#include<stdio.h>
main( )
{   FILE *fp;char str[10];
    fp=fopen("myfile.dat","w");
    fputs("abc",fp);  fclose(fp);
    fp=fopen("myfile.dat","a+");
    fprintf(fp,"%d",28);
```

```
    rewind(fp);
    fscanf(fp,"%s",str);   puts(str);
    fclose(fp);
}
```

程序运行后的输出结果是（　　）。

A．abc　　B．28c　　C．abc28　　D．因类型不一致而出错

二、程序填空题（18分）

给定程序中，函数fun的功能：将形参指针所指结构体数组中的3个元素按num成员进行升序排列。

请在程序的下画线处填入正确的内容，并把下画线删除，使程序得出正确的结果。

注意：源程序存放在考生文件夹下的BLANK1.C中。不得对其增行或删行，也不得更改程序的结构。

```
#include <stdio.h>
typedef struct
{   int num;
    char name[10];
}PERSON;
/**********found**********/
void fun(PERSON    ___1___)
{
/**********found**********/
    ___2___    temp;
    if(std[0].num>std[1].num)
   {temp=std[0]; std[0]=std[1]; std[1]=temp;}
    if(std[0].num>std[2].num)
   {temp=std[0]; std[0]=std[2]; std[2]=temp;}
    if(std[1].num>std[2].num)
   {temp=std[1]; std[1]=std[2]; std[2]=temp;}
}
main()
{   PERSON std[]={ 5,"Zhanghu",2,"WangLi",6,"LinMin" };
    int i;
/**********found**********/
    fun(___3___);
    printf("\nThe result is :\n");
    for(i=0; i<3; i++)
        printf("%d,%s\n",std[i].num,std[i].name);
}
```

三、程序修改题（18分）

给定程序MODI1.C中函数fun的功能：将m(1≤m≤10)个字符串连接起来，组成一个新串，放入pt所指存储区中。

例如：把3个字符串：" abc "、"CD "、"EF"连接起来，结果是"abcCDEF "。

请改正程序中的错误，使它能得出正确的结果。

注意：不要改动main函数，不得增行或删行，也不得更改程序的结构。

```
#include<stdio.h>
#include<string.h>
void fun (char str[][10], int m, char *pt)
{
/************found************/
    Int k, q, i ;
    for (k = 0; k < m; k++)
    {   q = strlen (str [k]);
        for (i=0; i<q; i++)
/************found************/
            pt[i] = str[k,i] ;
        pt += q ;
        pt[0] = 0 ;
    }
}
main()
{     int m, h ;
      char s[10][10], p[120] ;
      printf("\nPlease enter m:");
      scanf("%d", &m); gets(s[0]);
      printf("\nPlease enter   %d string:\n", m);
      for (h = 0; h < m; h++) gets(s[h]);
      fun(s, m, p);
      printf("\nThe result is : %s\n", p);
}
```

四、程序设计题（24 分）

程序定义了 N×N 的二维数组，并在主函数中自动赋值。请编写函数 fun(int a[][N])，函数的功能：使数组左下三角元素中的值全部置成 0。

例如，a 数组中的值为：

$$a = \begin{matrix} 1 & 9 & 7 \\ 2 & 3 & 8 \\ 4 & 5 & 6 \end{matrix}$$

则返回主程序后 a 数组中的值应为：

$$\begin{matrix} 0 & 9 & 7 \\ 0 & 0 & 8 \\ 0 & 0 & 0 \end{matrix}$$

注意：部分源程序在文件 PROG1.C 中。请勿改动主函数 main 和其他函数中的任何内容，仅在函数 fun 的花括号中填入编写的若干语句。

```
#include<stdio.h>
#include<stdlib.h>
#define N 5
void fun (int a[][N])
{


}
NONO()
{/* 本函数用于打开文件、输入数据、调用函数、输出数据、关闭文件。 */
  FILE *rf, *wf ;
```

```
    int i, j, a[5][5] ;
    rf = fopen("in.dat","r");
    wf = fopen("out.dat","w");
    for(i = 0 ; i < 5 ; i++)
    for(j = 0 ; j < 5 ; j++)
      fscanf(rf, "%d ", &a[i][j]);
    fun(a);
    for (i = 0; i < 5; i++) {
      for (j = 0; j < 5; j++) fprintf(wf, "%4d", a[i][j]);
      fprintf(wf, "\n");
    }
    fclose(rf);
    fclose(wf);
}
main ()
{   int a[N][N], i, j;
    printf("***** The array *****\n");
    for (i =0; i<N; i++)
    {for (j =0; j<N; j++)
       {a[i][j] = rand()%10; printf("%4d", a[i][j]);}
          printf("\n");
    }
    fun (a);
    printf ("THE RESULT\n");
    for (i =0; i<N; i++)
    {for (j =0; j<N; j++) printf("%4d", a[i][j]);
        printf("\n");
    }
    NONO();
}
```

模拟试卷参考答案

模拟试卷1：

一、选择题 （1～10）CBBDA CCBAA （11～20）BABAC CCBDD

（21～30）BDDBD CABCA （31～40）CABAC DBABD

二、程序填空题

第一处 [M]

第二处 N

第三处 0 或'\0'

三、程序修改题

```
/**found**/
t=1;
/**found**/
return(2*s);
```

四、程序设计题

```
void fun(char *a, int n)
{
    int i=0,k=0;
    char *t=a;
    while(*t=='*')
    {
      k++;
      t++;
    }
    t=a;
    if(k>n)
      t=a+k-n;
    while(*t)
    {
      a[i]=*t;
      i++;
      t++;
    }
    a[i]='\0';
}
```

模拟试卷 2：

一、选择题　（1～10）BDABA DADBC　（11～20）BBCDA ACCDB

（21～30）DBBBA BBADC　（31～40）DBCCD ADCAC

二、程序填空题

第一处 *fw

第二处 str

第三处 str

三、程序修改题

```
/**found**/
void fun(long s, long*t)
/**found**/
sl=sl*10;
```

四、程序设计题

```
int fun(STREC *a, STREC *b)
{
    int i, j=0, min=a[0].s;
    for(i=0; i<N; i++)
    {
      if(min>a[i].s)
       { j=0; b[j++]=a[i]; min=a[i].s; }
         else if(min==a[i].s)
           b[j++]=a[i];
    }
    return j;
}
```

模拟试卷 3：

一、选择题　（1～10）DCBAC DADBA　　（11～20）CCDCB CBCDA

（21～30）BBAAD CDBBD　　（31～40）DCADA ABDAC

二、程序填空题

第一处 next

第二处 t->data

第三处 t

三、程序修改题

```
/**found**/
void fun(char   *a )
/**found**/
printf("%c" , *a);
```

四、程序设计题

```
char *fun (char *s, char *t)
{
   int i;
   char *p=s, *q=t;
   int n=0,m=0;
   while(*p)
   {
      n++;
      p++;
   }
   while(*q)
   {
      m++;
      q++;
   }
   if(n>=m)
      p=s;
   else
      p=t;
   return p;
}
```

模拟试卷 4：

一、选择题　（1～10）ABDDB ACDCB　　（11～20）ADAAA ADCAD

（21～30）BDBCD CDCCC　　（31～40）BBBDB CDDCB

二、程序填空题

第一处 sum=0

第二处 t[i][i]

第三处 1

三、程序修改题

```
/**found**/
double   r;
```

```
/**found**/
while(fabs(n-m)>0.001)
```

四、程序设计题

```
void fun(char *a, char *h,char *p)
{
    int j=0;
    char *q=a;
    while(*q&&q<h) a[j++]=*q++;
    while(*h&&*p&&h<p)
    {
      if(*h !='*') a[j++]=*h;
      h++;
    }
    while(*p)   a[j++]=*p++;
    a[j]='\0';
}
```

模拟试卷 5:

一、选择题　（1～10）BCDAA DDCCA　（11～20）CBBBD DAACB

（21～30）BCBDC CBDDA　（31～40）ACBCD BACBD

二、程序填空题

第一处 struct student *

第二处 a->score[i]

第三处 a

三、程序修改题

```
/**found**/
char *fun(char (*sq)[M])
/**found**/
return sp;
```

四、程序设计题

```
void fun(int a, int b, long *c)
{
  *c=(b%10)*1000+(a/10)*100+(b/10)*10+a%10;
}
```

模拟试卷 6:

一、选择题　（1～10）ADBAC BADCA　（11～20）BADCC DABCA

（21～30）DDABD ADBCC　（31～40）ACBCC BADAC

二、程序填空题

第一处 *std

第二处 PERSON

第三处 std

三、程序修改题

```
/**found**/
```

```
int k, q, i;
/**found**/
pt[i]=str[k][i];
```

四、程序设计题

```
void fun (int a[][N])
{
    int i, j;
    for(i=0; i<N; i++)
        for(j=0; j<=i; j++)
            a[i][j]=0;
}
```

参 考 文 献

[1]（美）J. Glenn Brookshear. 计算机科学概论（第 11 版）[M]. 北京：人民邮电出版社，2011.

[2]（美）克尼汉,（美）里奇. C 程序设计语言（第 2 版）[M]. 徐宝文，李志，译. 北京：机械工业出版社，2004.

[3]（美）斯特朗斯特鲁普（Stroustrup.B.）. C++程序设计语言[M]. 裘宗燕，译. 北京：机械工业出版社，2004.

[4]（美）赫伯特・希尔特. C 语言大全（第四版）[M]. 王子恢，等译. 北京：电子工业出版社，2001.

[5]（美）H.M.Deitel，等. C 程序设计教程[M]. 薛万鹏，等译. 北京：机械工业出版社，2000.

[6] 陈国良. 计算思维导论[M]. 北京：高等教育出版社，2012.

[7] 夏耘，黄小瑜. 计算思维基础[M]. 北京：电子工业出版社，2012.

[8] 谭浩强. C 程序设计（第五版）[M]. 北京：清华大学出版社，2017.

[9] 苏小红，等. C 语言大学实用教程（第 4 版）[M]. 北京：电子工业出版社，2017.

[10] 魏鑫. MATLAB R2018a 从入门到精通（升级版）[M]. 北京：电子工业出版社，2019.

[11] 何亦琛，古万荣. C 语言程序设计从入门到精通[M]. 北京：电子工业出版社，2018.

[12]（美）Paul Deitel, Harvey Deitel. C++大学教程（第九版）（英文版）[M]. 北京：电子工业出版社，2019.

[13] 刘维. 精通 MATLAB 与 C/C++混合程序设计（第 4 版）[M]. 北京：北京航空航天大学出版社，2015.

[14] 王广，邢林芳. MATLAB GUI 程序设计[M]. 北京：清华大学出版社，2018.

[15] 蒋彦，韩玫瑰. C 语言程序设计（第 3 版）[M]. 北京：电子工业出版社，2018.

反侵权盗版声明